安徽现代农业职业教育集团
服务"三农"系列丛书

Guoshu Zhucang Baoxian Shiyong Jishu

果蔬贮藏保鲜实用技术

主编 杜传来 张继武 陈守江

北京师范大学出版集团
BEIJING NORMAL UNIVERSITY PUBLISHING GROUP
安徽大学出版社

图书在版编目(CIP)数据

果蔬贮藏保鲜实用技术 / 杜传来,张继武,陈守江主编. —合肥:安徽大学出版社,2014.1
(安徽现代农业职业教育集团服务"三农"系列丛书)
ISBN 978-7-5664-0679-8

Ⅰ. ①果… Ⅱ. ①杜… ②张… ③陈… Ⅲ. ①水果—食品贮藏②蔬菜—食品贮藏③水果—食品保鲜④蔬菜—食品保鲜 Ⅳ. ①S660.9②S630.9

中国版本图书馆 CIP 数据核字(2013)第 302093 号

果蔬贮藏保鲜实用技术   杜传来 张继武 陈守江 主编

出版发行:	北京师范大学出版集团
	安徽大学出版社
	(安徽省合肥市肥西路3号 邮编230039)
	www.bnupg.com.cn
	www.ahupress.com.cn
印 刷:	安徽省人民印刷有限公司
经 销:	全国新华书店
开 本:	148mm×210mm
印 张:	4.625
字 数:	124千字
版 次:	2014年1月第1版
印 次:	2014年1月第1次印刷
定 价:	12.00元

ISBN 978-7-5664-0679-8

策划编辑:李 梅 武溪溪		装帧设计:李 军 金伶智	
责任编辑:蒋 芳 李 栎		美术编辑:李 军	
责任校对:程中业		责任印制:赵明炎	

版权所有 侵权必究
反盗版、侵权举报电话:0551—65106311
外埠邮购电话:0551—65107716
本书如有印装质量问题,请与印制管理部联系调换。
印制管理部电话:0551—65106311

丛书编写领导组

组　长　程　艺
副组长　江　春　　周世其　　汪元宏　　陈士夫
　　　　　金春忠　　王林建　　程　鹏　　黄发友
　　　　　谢胜权　　赵　洪　　胡宝成　　马传喜
成　员　刘朝臣　　刘　正　　王佩刚　　袁　文
　　　　　储常连　　朱　彤　　齐建平　　梁仁枝
　　　　　朱长才　　高海根　　许维彬　　周光明
　　　　　赵荣凯　　肖扬书　　李炳银　　肖建荣
　　　　　彭光明　　王华君　　李立虎

丛书编委会

主　任　刘朝臣　　刘　正
成　员　王立克　　汪建飞　　李先保　　郭　亮
　　　　　金光明　　张子学　　朱礼龙　　梁继田
　　　　　李大好　　季幕寅　　王刘明　　汪桂生

丛书科学顾问

（按姓氏笔画排序）

王加启　张宝玺　肖世和　陈继兰　袁龙江　储明星

序

　　解决"三农"问题,是农业现代化乃至工业化、信息化、城镇化建设中的重大课题。实现农业现代化,核心是加强农业职业教育,培养新型农民。当前,存在着农民"想致富缺技术,想学知识缺门路"的状况。为改变这个状况,现代农业职业教育必然要承载起重大的历史使命,着力加强农业科学技术的传播,努力完成培养农业科技人才这个长期的任务。农业科技图书是农业科技最广博、最直接、最有效的载体和媒介,是当前开展"农家书屋"建设的重要组成部分,是帮助农民致富和学习农业生产、经营、管理知识的有效手段。

　　安徽现代农业职业教育集团组建于2012年,由本科高校、高职院校、县(区)中等职业学校和农业企业、农业合作社等59家理事单位组成。在理事长单位安徽科技学院的牵头组织下,集团成员牢记使命,充分发掘自身在人才、技术、信息等方面的优势,以市场为导向,以资源为基础、以科技为支撑、以推广技术为手段,组织编写了这套服务"三农"系列丛书,全方位服务安徽"三农"发展。本套丛书是落实安徽现代农业职业教育集团服务"三农"、建设美好乡村的重要实践。丛书的编写更是凝聚了集体智慧和力量。承担丛书编写工作的专家,均来自集团成员单位内教学、科研、技术推广一线,具有丰富的农业科技知识和长期指导农业生产实践的经验。

丛书首批共22册,涵盖了农民群众最关心、最需要、最实用的各类农业科技知识。我们殚精竭虑,以新理念、新技术、新政策、新内容,以及丰富的内容、生动的案例、通俗的语言、新颖的编排,为广大农民奉献了一套易懂好用、图文并茂、特色鲜明的知识丛书。

深信本套丛书必将为普及现代农业科技、指导农民解决实际问题、促进农民持续增收、加快新农村建设步伐发挥重要作用,将是奉献给广大农民的科技大餐和精神盛宴,也是推进安徽省农业全面转型和实现农业现代化的加速器和助推器。

当然,这只是一个开端,探索和努力还将继续。

安徽现代农业职业教育集团
2013年11月

前 言

我国果蔬生产有着悠久的历史,各地在生产活动中积累了丰富的种植经验。近年来,随着农业产业结构向优质、高产、高效的方向发展,果蔬的产量有了大幅度的提高,但由于果蔬有很强的季节性、地域性和易腐性,而且新鲜果蔬在采收以后仍然是"活"的生命有机体,呼吸等生理代谢活动依然旺盛,从而分解和消耗自身的养分,并放出呼吸热,使新鲜果蔬产生皱缩、萎蔫、失重、变质、腐败等现象,不能食用,造成浪费。在我国,由此造成的损失较为严重,据统计,每年损失可达到8000万吨以上,相当于实际生产总量的30%左右。随着社会的发展和人民生活水平的不断提高,消费者对新鲜、洁净、安全、有营养的果蔬的需求也越来越多,尤其需要更多的地方名、特、优及新品种。因此,如何提高果蔬的贮藏保鲜技术,减少不必要的损失,确保果蔬产品的质量,已成为当前亟待解决的重要课题。

果蔬贮藏保鲜是果蔬生产、贮藏和销售过程中一个非常重要的环节。采用科学、合理的贮藏保鲜技术,能有效延长新鲜果蔬的贮藏期,调节淡旺季,繁荣果蔬市场,具有显著的社会效益和经济效益。本书从果蔬贮藏保鲜基础知识、果蔬采后处理方法、贮藏保鲜方式与管理以及贮藏保鲜新技术等方面,论述了果蔬贮藏保鲜实用技术,并对典型水果和蔬菜的贮藏保鲜方法做了深入浅出的介绍。

本书内容丰富,科学实用,通俗易懂,适合广大农民朋友及果蔬生产、贮藏、加工、营销部门人员阅读和参考。

  因编写时间仓促,编者水平有限,书中难免存在不足之处,敬请读者批评指正。

编 者

2013 年 11 月

目 录

第一章 果蔬贮藏保鲜基础知识 ... 1
一、果蔬种类及其特性 ... 1
二、果蔬的采收 ... 3
三、果蔬采收后的品质变化及其控制 ... 4

第二章 果蔬采收后的处理方法 ... 24
一、整理、挑选与分级 ... 24
二、预冷、包装 ... 26
三、其他处理 ... 29

第三章 果蔬贮藏保鲜方式与管理 ... 32
一、简易贮藏 ... 32
二、通风贮藏 ... 35
三、机械冷藏 ... 36
四、气调贮藏 ... 43
五、其他贮藏 ... 46

第四章 果蔬贮藏保鲜新技术 ... 49
一、减压贮藏保鲜技术 ... 49
二、电磁处理保鲜技术 ... 50
三、乙烯脱除剂保鲜技术 ... 50

四、防腐保鲜剂保鲜技术 …………………………… 52
五、涂被保鲜剂保鲜技术 …………………………… 56
六、气体发生(调节)剂保鲜技术 …………………… 58
七、湿度调节剂保鲜技术 …………………………… 60
八、生理活性调节剂保鲜技术 ……………………… 60
九、保鲜包装材料 …………………………………… 62
十、生物保鲜技术 …………………………………… 62

第五章 典型果蔬贮藏保鲜实用技术 …………………… 64
一、典型水果贮藏保鲜实用技术 …………………… 64
二、典型蔬菜贮藏保鲜实用技术 …………………… 109

参考文献 ……………………………………………… 137

第一章
果蔬贮藏保鲜基础知识

一、果蔬种类及其特性

目前,我国栽培的果树分属50多科、300多种,共有万余个品种;我国栽培的蔬菜有160多种,种类和产量均居世界第一位。果蔬种类繁多,分类的方法也很多,下面主要介绍常用的分类方法。

1. 水果的种类

(1) 常绿果树类果品

①橘类:红橘、温州蜜橘、广柑、柠檬、柚、金橘、番石榴、石榴等。

②其他常绿树果品类:荔枝、桂圆、枇杷、橄榄、芒果、椰子、杨梅等。

(2) 落叶果树类果品

①仁果类:苹果、梨、山楂等。

②核果类:桃、李、杏、梅、樱桃等。

③坚果类:核桃、板栗、山核桃、松子等。

④浆果类:葡萄、草莓、木瓜、猕猴桃、桑葚、番木瓜等。

⑤杂果类:柿、枣、佛手、杨桃等。

(3) 多年生草本果品　香蕉、凤梨等。

(4) 山野果类果品　山枣、山葡萄、五味子、沙棘、刺梨、枸杞、山里红、野蔷薇果等。

2. 蔬菜的种类

(1) 根菜类 主根肥大的蔬菜,如萝卜、胡萝卜、大头菜、牛蒡、桔梗、苤蓝等。

(2) 茎菜类 茎部肥大的蔬菜,如竹笋、马铃薯、甘薯、莲藕、姜、芋、荸荠、莴苣、芦笋等。

(3) 叶菜类 食用菜叶及叶柄的蔬菜,如大白菜、甘蓝、菠菜、芹菜、芫荽等。

(4) 花菜类 食用花朵和花枝的蔬菜,如金针菜、花椰菜、黄花菜等。

(5) 果菜类 如冬瓜、黄瓜、番茄、茄子、辣椒等。

(6) 菌菜类 如野生的口蘑、猴头蘑、茯苓等,人工栽培的香菇、平菇、草菇、金针菇、银耳、黑木耳等。

(7) 野菜类 如香椿芽、蒲公英、蕨菜、马齿苋等。

(8) 海藻菜类 浅海中生长的可食性藻类菜,如海带、紫菜等。

(9) 荚菜类 如菜豆、扁豆、豇豆、豌豆、蚕豆等。

3. 果蔬的特性

新鲜的果蔬原料属于有生命的鲜活商品。新鲜的果蔬原料含水量高,营养丰富,却极易腐烂变质,因此果蔬原料采收后应立即采取一切可能的手段和措施,抑制其生命活动,降低其新陈代谢水平,减少其病害损失,延长其贮藏时间,以保持良好的商品质量。这个贮藏保鲜的过程主要是指果蔬产品从田间采收开始一直到加工或消费之前的整个经营管理过程。值得一提的是,科学的贮藏保鲜措施和手段,虽能延长果蔬产品的贮藏期,但我们不能一味地追求长期贮藏,因为绝大多数的果蔬产品经过贮藏后,其质量都不如刚采收上市的产品,加上长期贮藏要投入更多的人力,消耗更多的能源,增加更多的管理费用,反而影响了最终的经济效益。因此,在果蔬产品采收后,应根据市场形势及产品的质量状况,确定适宜的贮藏期限,做到保质、保量,及时上市销售,做好果蔬产品异地调运中的保鲜工作,则更具现实意义。

正是因为果蔬原料有着明显的季节性、地域性以及易腐性,因此,新鲜的果蔬原料采收以后需要立即进行贮运保鲜或加工处理。

目前,我国果蔬生产由于采收不当、果蔬采后商品化处理技术落后、贮运条件不妥及贮藏加工能力不足等原因,造成的腐烂损失达总产量的30%左右,减少了农民收益,挫伤了农民的生产积极性,出现了因销售困难而减少生产的现象。通过妥善的贮藏保鲜,可以减少果蔬的采后损失,所以,做好果蔬产品采后的商品化处理和贮藏保鲜工作,可促进果蔬栽培业的发展,真正实现丰产丰收,特别是在我国人口日益增长和耕地日益减少的今天,更具有重要的意义。

二、果蔬的采收

采收是决定果蔬产品贮藏成败的关键环节。采收的目标是使果蔬产品在适当的成熟度时转化成商品,采收速度要尽可能快,采收时力求做到对产品的损伤最小。据联合国粮农组织的调查报告显示,发展中国家在采收过程中造成的果蔬损失为8%~10%,造成损失的主要原因是采收时果蔬的成熟度不合适、田间采收容器不合适、采收方法等不当而引起机械损伤,在采收后的贮运到包装处理过程中缺乏对产品的有效保护。果蔬产品一定要在其成熟度适宜时采收,采收过早或过晚均会对产品品质和耐贮性造成不利的影响。采收过早,不仅产品的大小和重量达不到标准,而且产品的风味、色泽和品质也不好,耐贮性也差;采收过晚,产品已经过熟,开始衰老,不耐贮藏和运输。在确定产品的成熟度、采收时间和方法时,应根据产品的特点,结合产品的采后用途、贮藏期的长短、贮藏方法和设备条件等因素来考虑。采收以前必须做好人力和物力上的安排和组织工作,根据产品特点选择适当的采收期和采收方法。

果蔬产品的表面结构是良好的天然保护层,当表面结构受到破坏后,组织就失去了天然的抵抗力,容易受病菌的感染而造成腐烂。所以,果蔬产品的采收过程应避免一切机械损伤。采收过程中所引起的机械损伤在以后的各环节中无论如何处理也不能完全恢复,反而会加重采后运输、包装、贮藏和销售过程中的产品损耗,同时降低产品的商品性,大大影响贮藏保鲜效果,降低经济效益。

因此,果蔬产品采收的总原则是及时而无伤,达到保质保量、减少损耗、提高贮藏加工性能的目的。

三、果蔬采收后的品质变化及其控制

1. 果蔬采收后的生理生化变化

(1)呼吸作用 呼吸作用是在许多复杂的酶系统的参与下,经由许多中间反应环节进行的生物氧化还原过程,能把复杂的有机物逐步分解成简单的物质,同时释放能量。有氧呼吸通常是呼吸的主要方式,它是指在有氧气参与的情况下,将机体本身复杂的有机物(如糖、淀粉、有机酸及其他物质)逐步分解为简单物质(水和二氧化碳),并释放能量的过程。当葡萄糖直接作为底物时,1摩尔葡萄糖可释放能量约2870千焦,其中46.2%的能量以生物形式贮藏起来,为其他的代谢活动提供能量,剩余的1544千焦以热能形式释放到体外。

无氧呼吸是指在无氧气参与的情况下,将复杂有机物分解的过程。这时,糖酵解产生的丙酮酸不再进入三羧酸循环,而是脱羧生成乙醛,然后还原成乙醇。

果蔬产品采收后的呼吸作用与采收前基本相同,但在某些情况下又有一些差异。采收前产品在田间生长时,氧气供应充足,一般进行有氧呼吸;而在采收后的贮藏条件下,当产品放在容器中或封闭的包装袋中或埋藏在沟中产生积水时,在通风不良条件下或在其他氧气供应不足时,都容易产生无氧呼吸。无氧呼吸对于产品贮藏是不利的。一方面,无氧呼吸提供的能量少,无氧呼吸以葡萄糖为底物,产生的能量约为有氧呼吸的1/32,在需要一定能量的生理过程中,无氧呼吸消耗的呼吸底物更多,使产品更快失去生命力;另一方面,无氧呼吸生成的有害物乙醛、乙醇等会在细胞内积累,造成细胞死亡或腐烂。因此,在贮藏期应防止产生无氧呼吸。但当产品体积较大时,内层组织气体交换差,部分无氧呼吸也是对环境的适应,即使在外界氧气充分的情况下,果实中进行一定程度的无氧呼吸也是正常的。

果蔬在采收后,光合作用停止,呼吸作用成为生命活动的中心。呼吸作用的强弱与果蔬在贮藏期间的品质变化、贮藏寿命的长短有密切的关系。

果蔬在其幼嫩阶段呼吸旺盛,随果蔬细胞的膨大,呼吸强度逐渐下降,果蔬开始成熟时,呼吸强度上升,达到高峰后,呼吸强度下降,果蔬开始衰老死亡,伴随呼吸高峰的出现,果蔬体内的代谢发生很大的变化,这一现象称为"呼吸跃变",这一类果蔬称为"跃变型果蔬"或"呼吸高峰型果蔬"。另一类果蔬在发育过程中没有呼吸高峰,呼吸强度在采收后一直下降,称为"非跃变型果蔬"或"非呼吸高峰型果蔬"。常见果实的呼吸类型见表1-1。

表1-1 常见果实的呼吸类型

呼吸高峰型果实	非呼吸高峰型果实
苹果、杏、鳄梨、香蕉、紫黑浆果、南美番荔枝、费约果、无花果、猕猴桃、芒果、香瓜、番木瓜、西番莲果、桃、梨、柿、李、番茄、西瓜、柿子、面包果、网纹甜瓜	甜樱桃、酸樱桃、黄瓜、葡萄、柠檬、凤梨、温州蜜柑、草莓、甜橙

呼吸高峰型果实如苹果、番茄、无花果、芒果、南美番荔枝、面包果、梨、桃、李、香蕉、柿子、网纹甜瓜等,在采收后的贮藏初期呼吸强度逐渐下降,而后迅速上升到最高峰,以后再下降(见图1-1a)。呼吸达到高峰时,果实就达到完全成熟,品质最好,色香味俱佳。呼吸高峰期过后,果实品质迅速下降,也不耐贮藏。呼吸高峰标志着果实从生长到衰老的转折。

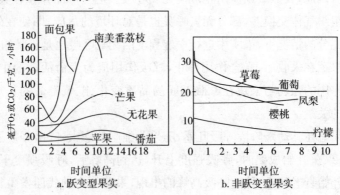

a. 跃变型果实　　b. 非跃变型果实

时间单位:
无花果:1单位=2天　草莓:1单位=0.5天　葡萄:1单位=4天
柠檬:1单位=7天　其他:1单位=1天

图1-1　跃变型果实和非跃变型果实的呼吸曲线

呼吸高峰型果实的特点是含有贮藏物质——淀粉,采收后能进行后熟作用,改善果实品质。呼吸高峰型果实的呼吸高峰出现的早晚,因果实种类不同而异。如香蕉采后很快就出现呼吸高峰,洋梨的呼吸高峰出现较迟,苹果的呼吸高峰出现最迟。果实的呼吸高峰出现越早就越不耐贮藏,出现越晚就越耐贮藏。所以,苹果比香蕉耐贮藏得多。如果需要延长贮藏保鲜期,就要采取低温贮藏等措施,迫使呼吸高峰延迟出现,降低呼吸强度,从而达到延长贮藏期的目的。如果需要提早供应市场,可采取升高温度、改善通风条件以及应用催熟剂——乙烯利等措施对果实进行人工催熟,促使果实的呼吸高峰提前出现,迅速成熟。对呼吸高峰型果实的催熟只有在呼吸高峰出现之前施用乙烯(或乙烯利)才有效。非呼吸高峰型果实(如柠檬、樱桃、凤梨、葡萄、草莓等),通常不发生贮藏物质的强烈水解活动,没有明显的后熟作用。因此,对这类果实应在达到成熟时采收,以便获得优质产品。非呼吸高峰型果实在采收后,呼吸强度持续缓慢地下降,始终没有一个突出的高峰出现(见图 1-1b)。这类果实的贮藏,不存在控制呼吸高峰的问题,而在于降低呼吸强度,延长贮藏期。乙烯对非呼吸高峰型果实,只引起瞬间呼吸增强,并可出现多次,但这并不是达到了真正的呼吸高峰。

适当的呼吸作用可以维持果蔬的耐藏性和抗病性,但若发生呼吸保卫反应,则呼吸过于旺盛,会造成耐藏性和抗病性下降。

(2)蒸腾作用 新鲜果实、蔬菜和花卉组织一般含有很高的水分(85%~95%),细胞汁液充足,细胞膨压大,使组织器官呈现坚挺、饱满的状态,具有光泽和弹性,表现出新鲜而健壮的优良品质。如果组织水分减少,细胞膨压降低,组织萎蔫、疲软、皱缩,光泽消退,表观就失去新鲜状态。

蒸腾作用是指水分以气体状态,通过植物体(采后果实、蔬菜和花卉)的表面,从体内散发到体外的现象。蒸腾作用受组织结构和气孔行为的调控,它与一般的蒸发过程不同。

采收后的器官(果实、蔬菜和花卉)失去了母体和土壤供给的营养和水分补充,而其蒸腾作用仍在持续进行,蒸腾失水通常不能得到补充。如贮藏环境不适宜,贮藏器官就成为一个蒸发体,不断地蒸腾失水,逐渐失去新鲜度,并产生一系列的不良反应。因而采收后的蒸腾作用就成为园艺产品采收后生理上的一大特征。

失重,又称"自然损耗",是指贮藏过程中器官的蒸腾失水和干物质损耗,造成器官的重量减少。蒸腾失水主要是由于蒸腾作用导致的组织水分散失;干物质消耗则是呼吸作用导致的细胞内贮藏物质的消耗。失水是贮藏器官失重的主要原因。

贮藏器官采收后的蒸腾作用,不仅影响贮藏产品的表观品质,而且造成贮藏失重。一般而言,当贮藏失重约占贮藏器官重量的5%时,就呈现明显的萎蔫状态。失重萎蔫的器官在失去组织、器官新鲜度、降低产品商品性的同时,还减轻了重量。柑橘果实贮藏过程的失重约有3/4是由蒸腾失重所致,约1/4是由呼吸作用的消耗所致;苹果在2.7℃贮藏时,每周由于呼吸作用造成的失重约为0.05%,由于蒸腾失水引发的失重约为0.5%。

水分是生物体内最重要的物质之一,它在代谢过程中发挥着特殊的生理作用,它可以使细胞器、细胞膜和酶得以稳定,细胞的膨压也是靠水和原生质膜的半渗透性来维持的。植物失水后,细胞膨压降低,气孔关闭,从而对正常的代谢产生不利影响。一方面,器官、组织因蒸腾失重而萎蔫,还会影响正常代谢机制,如呼吸代谢受到破坏,促使酶的活动趋于水解作用,从而加速组织的降解,促进组织衰老,并削弱器官固有的贮藏性和抗病性。另一方面,当细胞失水达到一定程度时,细胞液浓度增高,H^+、NH_4^+和其他一些物质积累到有害程度,会使细胞中毒。水分状况异常还会改变体内激素平衡,使脱落酸和乙烯等与器官成熟和衰老有关的激素合成增加,促使器官衰老脱落。因此,在园艺产品采收后的贮运过程中,减少组织的蒸腾失重显得非常重要。

(3)果蔬的成熟和衰老

①果蔬的成熟和衰老过程。果蔬采收后仍然在继续生长、发育,最后衰老死亡。果蔬进入成熟阶段,既有生物合成的化学变化,也有生物降解的化学变化,但是进入衰老时,则更多地处于降解的变化。衰老是植物的器官或整体生命的最后阶段,是机体开始发生一系列不可逆的变化,最终导致细胞崩溃及整个器官死亡的过程。果蔬从成熟到衰老的过程可以分为3个阶段:成熟阶段、完熟阶段和衰老阶段。

成熟阶段是指采收前果实生长的最后阶段,即达到充分长成的时期。果实在这一时期发生了明显的变化,如含糖量增加、含酸量降低、淀粉减少(苹果、梨、香蕉等)、果胶物质变化引起果肉变软、单宁物质变化导致涩味减退、芳香物质和果皮果肉中的色素生成、叶绿素降解、果实长到一定大小和形状,这些都是果实开始成熟的表现。有些果实在这一阶段开始出现光泽和带果霜,这是由于果皮上逐渐形成能减少水分蒸发的蜡质。随着果实含糖量的增加,果实中可溶性固形物相应增多,这表明果实达到可以采收的程度,但这并不是果实食用品质最好的阶段。

完熟阶段是指果实达到成熟以后的阶段,这时的果实完全表现出该品种最典型的性状,果实已经完全长大,果实的风味、质地和芳香气味已经达到最适宜食用的程度。果实进入成熟阶段大都还生长在树上,而完熟阶段则是成熟的终了时期,可以发生在树上,也可以发生在采收后。例如,香蕉、芒果和鳄梨往往不能等到完熟就需要采收,然后进行催熟才能食用。

在成熟度与可食性的关系方面,蔬菜和水果是不同的。对于许多水果来讲,成熟阶段并不是果实最佳的食用时期,只有果实达到完全成熟时才是最佳食用期。而一般来讲,蔬菜的最佳成熟期也是最佳食用期。

衰老阶段是指果实生长已经停止,完熟阶段的变化基本结束,即将进入衰老时期。衰老可能发生在采收之前,但大多数发生在采收之后。衰老阶段是果实个体发育的最后阶段,是加速分解过程,果实细胞趋向崩溃,最终导致整个器官死亡的过程。

②果蔬在成熟和衰老期间的变化。

外观品质:产品外观最明显的变化是色泽,常作为果蔬成熟的指标。果实未成熟时叶绿素含量高,外观多呈现绿色;成熟期间叶绿素含量下降,果实底色显现,同时色素(如花青素和胡萝卜素)积累,呈现本产品固有的色泽。成熟期间的果实产生一些挥发性的芳香物质,使产品出现特有的香味。茎叶菜衰老时与果实一样,叶绿素分解,色泽变黄并萎蔫,花菜则出现花瓣脱落和萎蔫现象。

质地:果肉硬度下降是许多果实成熟时的明显特征。此时一些能水解果胶物质和纤维素的酶类活性增加,酶的水解作用使果胶层溶解,纤维分解,细胞壁发生明显变化,结构松散失去黏结性,造成果肉软化。与上述变化有关的酶主要是果胶甲酯酶(PE)、多聚半乳糖醛酸酶(PG)和纤维素酶。甘蓝叶球、花椰菜花球发育良好、充分成熟时外表坚硬,品质好;茎叶菜衰老时,主要表现为组织纤维化;甜玉米、豌豆、蚕豆等采收后逐渐硬化,导致菜的食用品质下降。

口感风味:采收时不含淀粉或含淀粉较少的果蔬,如番茄和甜瓜等,随贮藏时间的延长,果蔬的含糖量逐渐减少。采收时淀粉含量较高(1%~2%)的果蔬(如苹果),采收后淀粉水解,含糖量暂时增加,果实变甜,达到最佳食用阶段后,含糖量又因呼吸消耗而下降。通常果实发育完成后,含酸量最高,之后随着成熟或贮藏期的延长逐渐下降。这是因为果蔬贮藏时更多地利用有机酸为呼吸底物,有机酸的消耗比可溶性糖更快,贮藏后的果蔬糖酸比增加,风味变淡。未成熟的柿、梨、苹果等果实细胞内含有单宁物质,使果实有涩味;成熟过程中单宁物质逐渐被氧化或凝结成不溶性物质,涩味消失。

呼吸跃变:一般来说,受精后的果实在生长初期呼吸强度急剧上升,呼吸强度最大的时期是在细胞分裂的旺盛期,随果实的生长呼吸强度先急剧下降,而后逐渐趋于缓慢,生理成熟时呼吸平稳,然后根据果实的类型而不同。呼吸高峰型果实达到完熟时呼吸强度急剧增加,出现跃变现象,果实就进入完全成熟阶段,品质达到最佳可食状态。香蕉、洋梨最为典型,收获时果实已充分长成,但果实硬、糖分少,食用品质不佳,在贮藏期间后熟,达呼吸高峰时风味最好。跃变期是果实发育进程中的一个关键时期,对果实贮藏期有重要影响,既是成熟的后期,也是衰老的开始,此后产品就不能继续贮藏。生产中要采取各种手段来推迟跃变果实的呼吸高峰,以延长贮藏期。

乙烯合成:乙烯属于植物激素,是一种化学结构十分简单的气体。几乎所有高等植物的器官、组织和细胞都具有产生乙烯的能力,

第一章 果蔬贮藏保鲜基础知识

但一般生成量很少,不超过0.1毫克/千克。乙烯在植物某些发育阶段(如果实成熟期)急剧增加,对植物的生长发育起着重要的调节作用。通过抑制或促进乙烯的产生,可调节果蔬的成熟进程,影响其贮藏期。

乙烯对园艺产品保鲜的影响极大,主要表现在它能促进果蔬的成熟和衰老,使产品的寿命缩短,造成经济损失。

正是由于乙烯对果蔬的催熟作用,所以在果蔬贮藏过程中特别要注意避免乙烯的影响,应采取抑制果蔬生成乙烯的方法,如低温贮藏、气调贮藏、减压贮藏等,或置于无乙烯的贮藏环境中,如贮藏室经常通风换气、添加乙烯吸附剂等。

不同果蔬的乙烯产量有很大差异,常见果蔬产品在20℃条件下的乙烯生成量见表1-2。

表1-2 常见果蔬在20℃条件下的乙烯生成量

类型	乙烯产量 微升/(千克·小时)	产品名称
非常低	≤0.1	芦笋、花菜、樱桃、柑橘、枣、葡萄、石榴、甘蓝、菠菜、芹菜、葱、洋葱、大蒜、胡萝卜、萝卜、甘薯、豌豆、菜豆、甜玉米
低	0.1~1.0	橄榄、柿子、凤梨、黄瓜、绿花菜、茄子、秋葵、青椒、南瓜、西瓜、马铃薯
中等	1.0~10	香蕉、无花果、荔枝、番茄
高	10~100	苹果、杏、油梨、猕猴桃、榴莲、桃、梨、番木瓜、甜瓜
非常高	≥100	番荔枝、西番莲、曼密苹果

外源性乙烯处理能诱导和加速果实成熟,使跃变型果实呼吸强度增加并生成大量内源性乙烯,乙烯浓度的大小对呼吸高峰的峰值无影响,但乙烯浓度大时,呼吸高峰出现得早。乙烯对跃变型果实呼吸的影响只有一次,且只有在跃变前处理才会起作用。对非跃变型

果实,外源性乙烯在整个成熟期间内都能促进果实的呼吸增加,在很大的浓度范围内,乙烯浓度与呼吸强度成正比,当除去外源性乙烯后,呼吸强度下降,恢复到原有水平,内源性乙烯也不再增加。

细胞膜:果蔬采收后变劣的重要原因是组织衰老,或遭受环境胁迫时,细胞的膜结构和特性发生改变。膜的变化会引起代谢失调,最终导致果蔬死亡。细胞衰老时普遍的特点是正常膜的双层结构转向不稳定的双层和非双层结构,膜的液晶相趋向于变为凝胶相,膜透性和微黏度增加,流动性降低,膜的选择性和功能受损,最终导致果蔬死亡。

(4)休眠与生长

①休眠。植物在生长发育过程中遇到不良的条件时,为了保持生存能力,有的器官会暂时停止生长,这种现象称作"休眠"。如一些鳞茎类、块茎类、根茎类的蔬菜、花卉,木本植物的种子、坚果类果实(如板栗)等都有休眠现象。

根据引起休眠的原因,将休眠分为2种类型:一种是内在原因引起的,即给予适宜的发芽条件园艺产品也不会发芽,这种休眠称为"自发休眠";另一种是由于外界环境条件不适宜,如低温、干燥所引起的,一旦遇到适宜的发芽条件即可发芽,称为"被动休眠"。

蔬菜在休眠期一过就会萌芽,从而使产品的重量减轻,品质下降。因此,必须设法控制休眠,防止发芽,延长贮藏期。影响休眠的因素可分为内因和外因2类,休眠的调控方法可从影响休眠的因素入手。

化学药剂处理有明显的抑芽效果。根据激素平衡调节的原理,可以利用外源性抑制生长的激素,改变内源性植物激素的平衡,从而延长休眠时间。

采用辐照处理块茎类、鳞茎类蔬菜,防止此类蔬菜在贮藏期间发芽,这一方法已在世界范围内获得公认和推广。辐照处理对抑制马铃薯、洋葱、大蒜和生姜等发芽都有效。

果蔬产品的贮藏中,为了保证贮藏品质,必须抑制果蔬发芽,防止抽薹,延长贮藏期,这就需要让果蔬的器官保持休眠状态。

②生长。生长是指园艺产品在采收以后出现的细胞、器官或整个有机体在数目、大小和重量方面的不可逆性增加。

许多蔬菜、花卉和果实在采收后的贮藏过程中,普遍存在着细胞和组织成熟、衰老与再生长的同步进行。一些组织在衰老的同时,输出其内含物中的精华,为新生部位提供生长所必需的贮藏物质和结构物质。如油菜、菠菜等蔬菜在假植贮藏过程中叶子长大;菜花、花卉采收以后花朵不断长大、开放;蒜薹薹苞生长发育;板栗休眠期过后出现发芽现象;黄瓜出现大肚和种子发育;菜豆膨粒;结球白菜抱球;马铃薯、洋葱萌芽;花卉脱落,子房发育,等等。这些现象均是采收以后园艺产品成熟衰老进程中的部分组织再生长的典型实例。

园艺产品采收后的生长现象在大多数情况下是人们不希望出现的,因此,必须采取一定的措施加以有效控制。植物的生长需要一定的光、温、湿、气和营养供给,将这些条件控制好,就可以比较好地控制植物的生长。针对植物生长的条件,可采取避光、低温、控制湿度、低氧、辐照、激素处理及其他措施来控制植物生长。

2.感官品质的变化

(1)色泽及其变化 色泽是人们感官评价果蔬质量的一个重要因素,它在一定程度上反映了果蔬的新鲜程度、成熟度和品质的变化。因此,果蔬的色泽及其变化是评价果蔬品质和判断其成熟度的重要外观指标。

果蔬的色素种类很多,有时一种色素单独存在,有时几种色素同时存在,或显现或被遮盖。随着生长发育阶段、环境条件及贮藏加工方式不同,果蔬的颜色也会发生变化。果蔬贮藏期间外观品质的变化主要是绿色减退。检测果蔬外观色泽的主要仪器是色差计。

图1-2 色差计

色差计测试通过 L 值、a 值和 b 值反映,各数值的意义分别为:L 值表示亮度,L 值越大亮度越大;a 值表示有色物质的红绿偏向,正值越大偏向红色的程度越大,负值越大偏向绿色的程度越大;b 值表示有色物质的黄蓝偏向,正值越大偏向黄色的程度越大,负值越大偏向蓝色的程度越大。

如西兰花和蒜薹贮藏中的感官变化情况见图1-3。判断果蔬外观色泽除利用色差计进行测定外,还可通过感官评定。

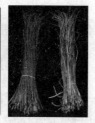

图1-3 西兰花和蒜薹贮藏过程中的感官品质变化

(2)质地的变化 果蔬是典型的鲜活易腐品,它们的共同特性是含水量很高,细胞膨压大。对于这类商品,人们希望它们新鲜饱满、脆嫩可口。而对于叶菜、花菜等蔬菜除要求脆嫩饱满外,组织致密、紧实也是重要的质量指标。因此,果蔬的质地主要体现为脆、绵、硬、软、细嫩、粗糙、致密、疏松等,它们与品质密切相关,是评价果蔬品质的重要指标。在生长发育不同阶段,果蔬质地会有很大变化,因此质地又是判断果蔬成熟度、确定采收期的重要参考依据,果肉硬度下降是许多果实成熟时的明显特征。果蔬贮藏期间硬度的变化可以用质构仪(见图1-4)或硬度计(见图1-5)进行检测。

图1-4 质构仪

图1-5 硬度计

(3)风味物质及其变化　果蔬的风味是构成果蔬品质的主要因素之一,果蔬因其独特的风味而备受人们的青睐。不同果蔬所含风味物质的种类和数量各不相同,但构成果蔬的基本风味只有香、甜、酸、苦、辣、涩、鲜等几种。

醇、酯、醛、酮和萜类等化合物是构成果蔬香味的主要物质,它们大多是挥发性物质,且多具有芳香气味,故又称为"挥发性物质"或"芳香物质",也有人称为"精油"。正是这些物质的存在而赋予果蔬特定的香气与味感。果品的香味物质多在果蔬成熟时开始形成,进入完熟阶段时大量形成,产品风味也达到了最佳状态。但这些香味物质大多不稳定,在贮运加工过程中很容易挥发与分解。

糖及其衍生物糖醇类物质是构成果蔬甜味的主要物质,一些氨基酸、胺等非糖类物质也具有甜味。蔗糖、果糖、葡萄糖是果蔬中主要的糖类物质,此外果蔬中还含有甘露糖、半乳糖、木糖、核糖以及山梨醇、甘露醇和木糖醇等。

果蔬的酸味主要来自一些有机酸,其中柠檬酸、苹果酸、酒石酸在水果中含量较高,故又称为"果酸"。蔬菜的含酸量相对较少,除番茄外,大多感觉不到酸味的存在。

果蔬甜味的强弱除了与含糖的种类与含量有关外,还受含糖量与含酸量之比(糖酸比)的影响。糖酸比越高,甜味越浓;反之,酸味越浓。

可溶性固形物主要是指可溶性糖类,包括单糖、双糖、多糖(除去淀粉、纤维素、几丁质、半纤维素等不溶于水的糖类),果蔬中的总可溶性固形物含量可大致表示果蔬的含糖量。利用手持式折光仪(见图1-6)或阿贝折光仪(见图1-7)能够测定果蔬及其制品中可溶性固形物的含量。可溶性固形物的含量还可以衡量水果成熟情况,以便确定采收时间。

 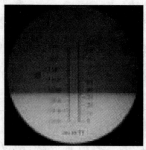 

图1-6　手持式折光仪　　　　图1-7　阿贝折光仪

3. 酶的变化

水果与蔬菜组织中所有的生物化学作用,都是在酶的参与下进行的。果蔬中的酶支配着果蔬的全部生命活动,同时也是贮藏和加工过程中引起果蔬品质变坏和营养成分损失的重要因素。一些果实成熟过程中酶活性的变化见表1-3。

表 1-3　一些果实成熟过程中酶活性的变化

酶	果实种类	增加倍数	酶	果实种类	增加倍数
叶绿素酶	香蕉皮	1.6	果胶甲酯酶	香蕉果肉	增加
	苹果皮	2.8～3.0		番茄	1.4
酯酶	苹果皮	1.6		洋梨	不多
酯氧合酶	苹果皮	4.0	淀粉酶	番茄	增加
	番茄	2.5～6.0		芒果	2.0
过氧化物酶	香蕉果肉	2.7	6-磷酸葡萄糖脱氢酶	葡萄	不变
	番茄	3.0		樱桃	不变
	芒果	3.0		洋梨	减少
	洋梨	增加3个同工酶		芒果	增加
苹果酸酶	洋梨	2.1	吲哚乙酸氧化酶	洋梨	增加2个同工酶
	苹果皮	4.0		番茄	增加2个同工酶
	葡萄	减少		越橘	增加2个同工酶
	樱桃果肉	不变			

4. 抗病性的变化

果蔬产品采收后在贮、运、销过程中会发生一系列的生理、病理变化，最后导致品质劣化。引起果蔬产品采后品质劣化的主要因素有生理变化、物理损伤、化学伤害和病害腐烂。

果蔬产品采收后在贮藏、运输和销售期间发生的病害统称为"采后病害"。采后病害主要分为两大类：一类是由非生物因素如环境条件恶劣或营养失调引起的非传染性生理病害，称为"生理失调"；另一类是由病原微生物的侵染而引起的侵染性病害，称为"病理病害"。

(1) 生理失调　生理失调是果蔬在采后贮藏过程中由于环境条件的不适宜或者自身营养缺陷造成的，如冷害、冻害、虎皮病、红玉斑点病、营养失调等。常见的症状有褐变、干疤、黑心、斑点、组织呈水浸状等。

果蔬产品采收后生理失调包括温度失调（冷害、冻害）、呼吸失调（又称"气体伤害"，主要包括低氧伤害、高二氧化碳伤害）、营养失调和其他失调。

①冷害。冷害是指果蔬在组织冰点以上的不适低温所造成的伤害，是逆境伤害的一种。早期症状为果蔬表面出现凹陷斑点，在冷害

发展的过程中会连成大块凹坑。另一个典型的症状为表皮或组织内部褐变,呈现棕色、褐色或黑色斑点或条纹,有些褐变在低温下出现,有些则是在转入室温下才出现。具体表现为:果蔬表皮出现水渍状斑块,失绿,果蔬不能正常后熟,不能变软,不能正常着色,不能产生特有的香味,甚至有异味。冷害严重时,产生腐烂。

冷害大部分发生于热带的水果、蔬菜和观赏性园艺作物。如鳄梨、香蕉、柑橘、黄瓜、茄子、芒果、甜瓜、番木瓜、凤梨、西葫芦、番茄、甘薯、山药、生姜等。

冷胁迫下果蔬会发生一系列的生理生化变化,常见的变化有以下几种。

• 呼吸速率和呼吸商的改变:伤害开始时,产品呼吸速率异常增加,随着冷害加重,呼吸速率又开始下降。呼吸商增加,组织中乙醇、乙醛积累。

• 细胞膜受到伤害:冷胁迫下膜透性增加,离子相对渗出率上升。

• 乙烯合成发生改变:冷害严重、细胞膜受到永久伤害时,乙烯合成酶活性不能恢复,乙烯产量很低,无法促进果蔬后熟。

• 化学物质发生改变:冷害导致丙酮酸和三羧酸循环的中间产物 α-酮酸(草酰乙酸和酮戊二酸)积累,丙酮酸的积累使丙氨酸含量迅速增加。

影响冷害的因素包括产品的内在因素和贮藏的环境因素2个方面:前者包括原产地、产地以及果蔬成熟度;后者包括贮藏温度、时间、湿度以及气体条件。通过以下方法可以控制冷害的发生。

• 温度调节:包括低温预贮、逐渐降温(只对呼吸高峰型果实有效)、间歇升温以及热处理。

• 湿度调节:用塑料袋包装或在果蔬表面打蜡,以降低产品的水分蒸发,从而减轻冷害的某些症状。

• 气体调节:气体调节能否减轻冷害目前还没有一致的结论。

葡萄柚、西葫芦、油梨、日本杏、桃、凤梨等在气体调节中冷害症状都得以减轻,但黄瓜、石刁柏和柿子反而加重。

• 化学物质处理:用氯化钙、乙氧基喹、苯甲酸、红花油、矿物油处理果蔬可减轻冷害。此外,还有乙烯和外源性多胺处理能减轻果蔬冷害症状的报道。

②冻害。果蔬产品在冰点以下的低温引起的伤害叫"冻害"。冻害主要是导致细胞结冰破裂、组织损伤,出现萎蔫、变色和死亡。蔬菜受冻害后一般表现为水泡状,组织透明或半透明,有的组织产生褐变,解冻后有异味。果蔬产品的冰点温度一般比水的冰点温度低,这是由于细胞液中有一些可溶性物质(主要是糖)存在,所以越甜的果实其冰点温度越低,而含水量越高的果蔬产品也越易产生冻害。当然,果蔬产品的冻害温度也因种类和品种而异。根据园艺产品对冻害的敏感性将它们分为以下3类(见表1-4)。

表1-4 几种主要果蔬对低温冻害的敏感性

类型	果蔬名称
敏感的品种	杏、鳄梨、香蕉、浆果、桃、李、柠檬、蚕豆、黄瓜、茄子、莴苣、甜椒、土豆、红薯、夏南瓜、番茄
中等敏感的品种	苹果、梨、葡萄、花椰菜、甘蓝、胡萝卜、芹菜、洋葱、豌豆、菠菜、萝卜、冬南瓜
最敏感的品种	枣、椰子、甜菜、大白菜、甘蓝、大头菜

果蔬产品贮藏在不恰当的气体浓度环境中,会因正常的呼吸代谢受阻而造成呼吸代谢失调,称为"气体伤害"。最常见的气体伤害主要是低氧伤害和高二氧化碳伤害。

③低氧伤害。空气中氧的含量为21%以上时,果蔬产品能进行正常的呼吸作用。当贮藏环境中氧浓度低于21%时,果蔬产品正常的呼吸作用就受到影响,导致产品发生无氧呼吸,产生和积累大量的挥发性代谢产物(如乙醇、乙醛、甲醛等),毒害组织细胞,产生异味,使产品风味和品质劣化。

低氧伤害的症状主要表现为果蔬表皮局部组织下陷和产生褐色

斑点,有的果实不能正常成熟,并有异味。

④高二氧化碳伤害。高二氧化碳伤害也是贮藏期间常见的一种生理病害。二氧化碳作为植物呼吸作用的产物,在空气中的含量一般只有0.03%,当环境中的二氧化碳浓度超过10%时,就会抑制线粒体的琥珀酸脱氢酶系统,影响三羧酸循环的正常进行,导致丙酮酸向乙醛和乙醇转化,使乙醛和乙醇等挥发性物质积累,引起组织伤害和果蔬的风味品质劣化。

果蔬产品的高二氧化碳伤害最明显的特征是表皮凹陷和产生褐色斑点。如某些苹果品种在高二氧化碳浓度下出现"褐心";柑橘果实出现水肿,果肉变苦;草莓表面出现水渍状,果色变褐;番茄表皮凹陷,出现白点并逐步变褐,果实变软,迅速坏死,并有浓厚的酒味;叶菜类出现生理萎蔫,细胞失去膨压,水分渗透到细胞间隙,呈水浸状;蒜薹开始出现小黄斑,逐渐扩展下陷呈不规则的圆坑,进而软化和断薹。

⑤营养失调。植物中营养元素过多或过少,都会干扰植物的正常代谢而导致植物发生生理病害。在果蔬贮藏期,因营养失调而引起的病害,主要是由氮、钙的过多或不足,或氮和钙的比例不适所造成的。

如苹果在营养失调病后常见的病害有苦痘病、苹果水心病等(见图1-8)。

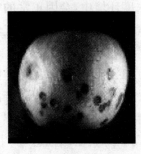 

苦痘病　　　　　　　　苹果水心病

图1-8　苹果的营养失调病

⑥其他生理失调。

二氧化硫毒害：二氧化硫通常作为一种杀菌剂被广泛地用于水果蔬菜的采后贮藏，如库房消毒、熏蒸杀菌或浸渍包装箱内纸板防腐等。但二氧化硫处理不当，容易引起果实中毒。被伤害的细胞内淀粉粒减少，细胞质的生理作用受到干扰，叶绿素遭到破坏，组织发白。如用二氧化硫处理葡萄，浓度过大、环境潮湿时，则形成亚硫酸，进一步氧化为硫酸，使果皮漂白，产生毒害。

乙烯毒害：乙烯是一种催熟激素，能增加果蔬的呼吸强度，促进淀粉、糖类的水解，加快其他代谢过程，加速果实成熟和衰老，常被用作果实（西红柿、香蕉等）的催熟剂。如果乙烯使用不当，也会出现中毒，表现为果色变暗，失去光泽，出现斑块，并软化腐败。

(2)侵染性病害 微生物侵染可引起果蔬的腐败变质。常见的果蔬侵染性病害见图1-9。

荔枝霜疫霉病

芒果焦腐病

芒果疮痂病

芒果蒂腐病

香蕉冠腐病　　　　　　苹果炭疽病

图1-9　常见果蔬侵染性病害

导致果蔬采后产生损失的主要微生物有链格孢属、灰葡萄属、炭疽菌属、球二孢属、链核盘属、青霉属、拟茎点霉属、根霉属、小核菌属的菌类以及欧氏杆菌、假单胞菌。

绝大部分微生物侵染力很弱,只能侵入受伤的产品。只有少许病菌(如炭疽菌属)能从完好的产品中侵入。

寄主与微生物之间的关系一般是专一性的。例如,青霉菌只侵入柑橘,展青霉只侵入苹果和梨,而不会侵入柑橘。经常一种或少数几种微生物侵入并破坏组织后,很快导致其他很多侵入能力较弱的微生物入侵,从而造成腐烂,增加产品的损失。

①致病真菌。

鞭毛菌亚门:对果蔬造成侵染性病害的有疫霉属和霜疫霉属。

接合菌亚门:对果蔬造成侵染性病害的有根霉属和毛霉属。

子囊菌亚门:对果蔬造成侵染性病害的有小丛壳属、长喙壳属、囊孢壳属、间座壳属和链核盘属。

半知菌亚门:此亚门中为害果蔬产品的真菌最多。能对果蔬造成危害的有灰葡萄属、青霉属、镰刀孢霉属、链格孢属、拟茎点霉属、炭疽菌属的真菌。

另外,曲霉属、地霉属、茎点霉属、壳卵孢属、球二孢属、聚单端孢霉属、小核菌属、轮枝孢属等,也能对果蔬造成侵染性病害。

②致病细菌。细菌主要为害蔬菜,可能与蔬菜细胞pH较高有关。最重要的危害菌是欧氏杆菌中的胡萝卜欧氏杆菌,它能使大白

菜、辣椒、胡萝卜等蔬菜发生软腐。其他主要危害菌是假单胞菌和黄单胞菌。

③病原菌的侵染特点。侵染过程一般分为接触期、侵入期、潜育期及发病期。

采前侵染：在果蔬采收前侵入，待果实成熟和衰老时，本身抗病性下降，病菌开始扩散。如炭疽病、蒂腐病等。

采后侵染：微生物不能从完好的产品表皮侵入，而是在采收后从产品伤口侵入。

④采后腐败的控制。

物理处理：采后产品的腐烂可以用低温、气体调节、适当的湿度、辐照、良好的卫生条件、伤口封闭物的形成而得到控制。

化学处理：利用各种化学药剂杀菌，防止病菌侵入果实。

控制采收后的腐败可使用咪唑类杀菌剂，包括噻菌灵、苯菌灵、多菌灵、托布津、甲基托布津、咪鲜胺、仲丁胺、溴氯烷、联苯、邻苯基酚钠、抑霉唑、乙环唑等。

果实采收后的生理病害和侵染病害的总的发生趋势都是逐渐加重的，一些果蔬在贮藏过程中的生理变化也促进了生理病害的发生，如乙烯能够加重冷害的发生。适当地对这些条件加以控制，可以减轻果蔬采收后的病害。

第二章 果蔬采收后的处理方法

果蔬产品从收获到贮藏、运输,根据种类、贮藏时间、运输方式及销售目的,还要进行一系列处理,这些处理对减少采收后的损失、提高果蔬产品的商品性和耐贮运性能具有十分重要的作用。果蔬产品的采收后的处理就是为保持和改进果蔬的产品质量并使其从农产品转化为商品所采取的一系列措施的总称。果蔬产品采收后的处理过程主要包括整理、挑选、分级、预冷、包装、清洗和涂蜡、催熟和脱涩等环节。

一、整理、挑选与分级

1. 整理与挑选

整理与挑选是采收后处理的第一步,其目的是剔除有机械损伤、病虫污染、外观畸形等不符合商品要求的产品,以改进产品的外观,改善商品形象,使产品便于包装、贮运,利于销售和食用。

果蔬产品从田间收获后,往往带有残叶、败叶、泥土、病虫污染等,不仅商品价值低,而且严重影响产品的外观和商品质量,更重要的是携带大量的微生物孢子和虫卵等有害物质,因而成为采收后病虫害感染的传播源,引起采收后产品大量腐烂,所以必须进行适当处理。清除残叶、败叶、枯枝还只是整理的第一步,有的产品还需进行进一步修整,去除不可食用的部分,如去根、去叶、去老化部分等,以获得较好的商品性和贮藏保鲜性能。挑选是在整理的基础上,进一步剔除受病虫侵染和受机械损伤的产品。很多产品在采收和运输过程中都会受到一定的机械损伤。受伤产品极易受病虫侵染而发生腐烂。所以必须通过挑出受病虫侵染和受伤的产品,减少产品的带菌量和产品受病菌侵染的机会。挑选一般采用人工方法进行,挑选过程中必须戴手套,注意轻拿轻放,尽量剔除受伤产品,同时防止对产品造成新的机械伤害,这是获得良好贮藏保鲜效果的保证。

2. 分级

分级是提高商品质量和实现产品商品化的重要手段,以便于产品的包装和运输。产品收获后将大小不一、色泽不均、感病或受到机械损伤的产品按照不同销售市场所要求的分级标准进行大小或品质的分级。产品经过分级后,商品质量大大提高,减少了贮运过程中的损失,便于包装、运输及市场的规范化管理。

在国外,等级标准分为国际标准、国家标准、协会标准和企业标准。国际标准属于非强制性标准,标龄长,要求较高。国际标准和各国的国家标准是世界各国均可采用的分级标准。

在我国,以《标准化法》为依据,将标准分为4级:国家标准、行业标准、地方标准和企业标准。国家标准是由国家标准化主管机构批准颁布,在全国范围内统一使用的标准。行业标准又称"专业标准"、"部标准",是在无国家标准情况下由主管机构或专业标准化组织批准发布,并在某一行业范围内统一使用的标准。地方标准则是在上面两种标准都不存在的情况下,由地方制定并批准发布,在本行政区域范围内统一使用的标准。企业标准由企业制定发布,在本企业内统一使用。我国现有的果品质量标准有16个,其中鲜苹果、鲜梨、柑橘、香蕉、鲜龙眼、核桃、板栗、红枣等都已制定了国家标准。此外,还制定了一些行业标准,如香蕉、梨的销售标准,鲜甜橙、鲜宽皮柑橘、鲜柠檬的出口标准。

果蔬产品由于其供食用的部分不同,成熟标准不一致,所以没有固定的规格标准。在许多国家果蔬的分级通常是从坚实度、清洁度、大小、重量、颜色、形状、成熟度、新鲜度以及病虫侵染和机械损伤等多方面考虑的。我国水果的分级标准是在果形、新鲜度、颜色、品质、病虫害和机械损伤等方面已符合要求的基础上,根据果实横径最大部分直径分为若干等级。形状不规则的蔬菜产品,如西芹、花椰菜、青花菜(西兰花)等按重量进行分级。蒜薹、豇豆、甜豌豆片、青刀豆等按长度进行分级。蔬菜的分级多采用目测或手测,凭感官进行。形状整齐的果实,可以采用机械分级。最简单的是果实分级机,这是在木板上按大小分级标准的要求而挖出大小不同的孔洞,并以此为标准来检测果实的大小,进行分级。在发达国家,果实的大小分级都是在包装线上自动进行。如番茄、马铃薯等可用孔带分级机分级,以提高效率。蔬菜产品有些种类很难进行机械分级,可利用传送带,在产品传输过程中用人工进行分级,效率也很高。

二、预冷、包装

1. 预冷

预冷是将新鲜采收的产品在运输、贮藏或加工以前迅速除去田间热,将其温度从初始温度迅速降至所需要的终点温度的过程。大多数园艺产品都需要进行预冷,恰当的预冷可以减少产品的腐烂,最大限度地保持产品的新鲜度和品质。预冷是创造良好环境温度的第一步。

果蔬产品采收后,高温对保持品质十分不利,特别对在热天或烈日下采收的产品,危害更大。所以,果蔬产品采收以后在贮藏运输前必须尽快除去产品所带的田间热。预冷是农产品低温冷链保藏运输中必不可少的环节,为了保持果蔬产品的新鲜度、优良品质和货架寿

第二章 果蔬采收后的处理方法

命,必须在产地采收后立即采取预冷措施。尤其是一些需要低温冷藏或有呼吸高峰的果实,若不能及时降温预冷,在运输贮藏过程中,很快就会达到成熟状态,大大缩短其贮藏寿命。而且未经预冷的产品在运输贮藏过程中要降低其温度,就需要更多的冷却能力,这在设备动力上和商品价值上都会遭受更大的损失。如果在产地及时进行了预冷处理,以后只需要较少的冷却能力和隔热措施,就可达到减缓果蔬产品的呼吸、减少微生物的侵染、保持产品新鲜度和品质的目的。

预冷的方式有多种,一般分为自然预冷和人工预冷。人工预冷中有冰接触预冷、风冷、水冷和真空预冷等方式。

果蔬产品的预冷受到多种因素的影响,为了达到预期效果,必须注意以下问题:

①预冷要及时,必须在产地采收后尽快进行预冷处理,故需建设降温冷却设施。一般在冷藏库中应设有预冷间,在园艺产品适宜的贮运温度下进行预冷。

②根据园艺产品的形态结构选用适当的预冷方法,一般体积越小,冷却速度越快,越便于连续作业,冷却效果越好。

③掌握适当的预冷温度和速度,为了提高冷却效果,要及时冷却和快速冷却。冷却的最终温度应在冷害温度以上,否则易造成冷害和冻害,尤其是对于不耐低温的热带、亚热带园艺产品,即使在冰点以上也会造成产品的生理伤害。所以预冷温度以接近最适贮藏温度为宜。预冷速度受多方面因素的影响。制冷介质与产品接触的面积越大,冷却速度越快;产品与介质之间的温差与冷却速度成正比。温差越大,冷却速度越快;温差越小,冷却速度越慢。此外,介质的周转率及介质的种类不同也影响冷却速度。

④预冷后处理要适当。园艺产品预冷后要在适宜的贮藏温度下及时进行贮运,若仍在常温下进行贮藏运输,不仅达不到预冷的目的,甚至会加速腐烂变质。

2. 包装

果蔬产品包装是产品标准化、商品化,保证安全运输和贮藏的重要措施。有了适宜的包装,才有可能使果蔬产品在运输途中保持良好的状态,减少因互相摩擦、碰撞、挤压而造成机械损伤,减少病害蔓延和水分蒸发,避免园艺产品散堆发热而引起腐烂变质,使园艺产品在流通中保持良好的稳定性,提高商品率和卫生质量。同时,包装是商品的一部分,是贸易的辅助手段,为市场交易提供标准的规格单位,免去销售过程中的产品过秤,便于流通过程中的标准化,也有利于机械化操作。所以适宜的包装不仅对于提高商品质量和信誉十分有益,而且对流通也十分重要。因此,发达国家为了增强商品的竞争力,特别重视产品的包装质量。而我国在商品包装方面重视不够,尤其是对果蔬等鲜活商品的包装。

包装可分为外包装和内包装。外包装材料最初多为植物材料,尺寸大小不一,以便于人和牲畜车辆运输。现在外包装材料已多样化,如高密度聚乙烯、聚苯乙烯、纸箱、木板条等都可以用于外包装。包装容器的长宽尺寸在 GB4892-1985《硬质直立体运输包装尺寸系列》中可以查阅,高度可根据产品特点自行确定;具体形状则以利于销售、运输、堆码为标准。我国目前外包装容器的种类、材料、适用范围见表2-1。

纸箱的重量轻,可折叠平放,便于运输;纸箱能印刷各种图案,外观美观,便于宣传。纸箱通过上蜡,可提高其防水防潮性能,受湿受潮后仍具有很好的强度而不变形。目前瓦楞纸箱、塑料箱和木箱是果蔬较常用的外包装容器。

在良好的外包装条件下,内包装可进一步防止产品因受震荡、碰撞、摩擦而引起的机械伤害。可以通过在底部加衬垫、浅盘杯、薄垫片或改进包装材料,减少堆叠层数来解决。除防震作用外,内包装还具有一定的防失水、调节小范围气体成分和浓度的作用。

表 2-1　包装容器的种类、材料和适用范围

种类	材料	适用范围
塑料箱	高密度聚乙烯	任何果蔬
	聚苯乙烯	高档果蔬
纸箱	纸板	任何果蔬
钙塑箱	聚乙烯、碳酸钙	任何果蔬
板条箱	木板条	任何果蔬
筐	竹子、荆条	任何果蔬
加固竹筐	筐体竹皮、筐盖木板	任何果蔬
网袋	天然纤维或合成纤维	不易擦伤、含水量少的果蔬

三、其他处理

1. 清洗和涂蜡

果蔬产品由于受生长或贮藏环境的影响，表面常带有大量泥土污物，严重影响其商品外观，所以果蔬产品在上市销售前常需进行清洗、涂蜡。经清洗、涂蜡后，可以改善商品外观，提高商品价值；减少表面的病原微生物；减少水分蒸发，保持产品的新鲜度；抑制呼吸代谢，延缓衰老。

清洗的方式有浸泡、冲洗和喷淋 3 种。在清洗过程中，应注意清洗用水必须洁净。产品清洗后，清洗槽中的水含有高丰度的真菌孢子，需及时将水进行更换。清洗槽的设计应做到便于清洗，可快速简便排出或灌注用水。另外，可在水中加入漂白粉或氯进行消毒，防止病菌的传播。经清洗后，可通过传送带将产品直接送至分级机进行分级。对于那些密度比水大的产品，一般采用水中加盐或硫酸钠的方法使产品漂浮，然后进行传送。

果蔬产品表面有一层天然的蜡质保护层，往往在采收后处理或清洗中受到破坏。涂蜡即人为地在果蔬产品表面涂一层蜡质。涂蜡后可以增加产品光泽，改进外观，提高商品价值；减少水分损失，保持

新鲜度;抑制呼吸作用,延缓后熟和减少养分消耗。同时还能抑制微生物入侵,减少果蔬的腐烂及病害,对园艺产品的保存也有利,是常温下延长贮藏寿命的方法之一。蜡液是将蜡微粒均匀地分散在水或油中形成稳定的悬浮液。果蜡的主要成分是天然蜡、合成或天然的高聚物、乳化剂、水和有机溶剂等。天然蜡包括棕榈蜡、米糠蜡等;高聚物包括多聚糖、蛋白质、纤维素衍生物、聚氧乙烯、聚丁烯等;乳化剂包括脂肪酸蔗糖酯、油酸钠、吗啉脂肪酸盐等。这些原料都必须对人体无害,符合食品添加剂标准。

2.催熟和脱涩

(1)**催熟** 催熟是指销售前用人工方法促使果实成熟的技术。果蔬采收时,往往成熟度不够或不整齐,食用品质不佳或虽已达食用程度但色泽不好,为保障这些产品在销售时达到完熟程度,确保最佳品质,常需采取催熟措施。催熟可使产品提早上市或使未充分成熟的果实达到销售标准和最佳食用成熟度及最佳商品外观。

催熟多用于香蕉、苹果、梨、番茄等果实上,应在果实接近成熟时使用。乙烯、丙烯、燃香等都具有催熟作用,尤其以乙烯的催熟作用最强。但由于乙烯是一种气体,使用不便,因此,生产上常采用乙烯利(2-氯乙基磷酸)进行催熟。乙烯利是一种液体,在 pH>4.1 时,它即可释放出乙烯。催熟时为了使催熟剂能充分发挥作用,必须有一个气密性良好的环境。大规模处理时用专门的催熟室,小规模处理时采用塑料密封帐。待催熟的产品堆码时需留出通风道,使乙烯分布均匀。温度和湿度是催熟的重要条件。一般以 21~25℃的温度催熟效果较好。湿度过高容易感病腐烂,湿度过低容易萎蔫,一般以90%左右为宜。处理 2~6 天后即可达到催熟效果。此外,催熟处理还需考虑气体条件。处理时应充分供应氧气,减少二氧化碳的积累,因为二氧化碳对乙烯的催熟效果有抑制作用。为使催熟效果更好,可采用气流法,使混合好的浓度适当的乙烯不断通过待催熟的产品。

(2)**脱涩** 涩味产生的主要原因是单宁物质与口水中的蛋白质

结合,使蛋白质凝固,降低了口水的润滑性,产生收敛性,从而产生涩觉。单宁存在于果肉细胞中,食用时因细胞破裂而流出。脱涩的原理为:涩果进行无氧呼吸产生一些中间产物,如乙醛、丙酮等,它们可与单宁物质结合,使其溶解性发生变化,单宁变为不溶性,涩味即可脱除。

常见的脱涩方法有温水脱涩、石灰水脱涩、酒精脱涩、高二氧化碳脱涩、脱氧剂脱涩、冰冻脱涩、乙烯及乙烯利脱涩。这几种方法脱涩效果良好,经营者可根据自身资金状况合理选择适当的脱涩方式。

总之,果蔬产品的采后处理对提高商品价值、增强产品的耐贮运性能具有十分重要的作用,果蔬产品的采后处理流程可简要总结如图 2-1 所示。

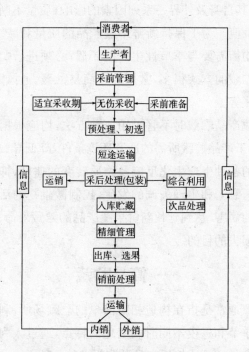

图 2-1 果蔬产品采后处理流程示意图

第三章
果蔬贮藏保鲜方式与管理

新鲜果蔬产品生长发育到一定的质量要求时就应收获。收获的果蔬产品由于脱离了与母体或土壤的联系,不能再获得营养和补充水分,且易受其自身及外界一系列因素的影响,质量不断下降甚至很快失去商品价值。为了保持新鲜果蔬产品的质量和减少损失,克服消费者长期均衡需要与季节性生产的矛盾,必须进行贮藏保鲜。新鲜果蔬产品贮藏的方式很多,常用的有简易贮藏、通风贮藏、机械冷藏和气调贮藏等。

新鲜果蔬产品贮藏时不管采用何种方法,均应根据其生物学特性,创造有利于产品贮藏所需的适宜环境条件,降低导致新鲜果蔬产品质量下降的各种生理生化反应及物质转变的速度,抑制水分的散失,延缓成熟、衰老和生理失调的发生,控制微生物的活动及由病原微生物引起的病害,达到延长新鲜果蔬产品的贮藏寿命、市场供应期和减少产品损失的目的。

一、简易贮藏

简易贮藏通常是指在构造相对简单的贮藏场所,利用环境条件中的温度随季节和昼夜不同时间变化的特点,通过人为措施使贮藏场所的贮藏条件达到或接近产品贮藏要求的一种方式。

1. 沟坑式

通常是在选择好符合要求的地点,根据贮藏量的多少挖沟或坑,将产品堆放于沟坑中,然后覆盖上土、秸秆或塑料薄膜等,随季节改变(外界温度的升降)增减覆盖物厚度。这类贮藏方法的代表有苹果、梨、萝卜等的沟藏,板栗的坑藏和埋藏等。

2. 窑窖式

窑窖式包括窑和窖2种。在土层侧面横伸掘进者称为"窑"。向土层地下纵向掘进者称为"窖"。可在山坡或地势较高的地方挖地窖或土窑洞,也可采用人防设施,将新鲜果蔬产品散堆或包装后堆放在窑、窖内。窑窖式主要有棚窖、土窑洞和井窖等形式,其中以棚窖最为普遍。产品堆放时注意留有通风道,以利于通风换气和排除热量。根据需要增设换气扇,人为地进行空气交换。同时注意做好防鼠、虫、病害等工作。这类贮藏方法的代表有四川南充地区用于甜橙贮藏的地窖,西北黄土高原地区用于苹果、梨等贮藏的土窑洞,以及江苏、安徽北部、山东、山西等苹果、梨种植区结合建房兴建用于贮藏此类果品的地窖等。

(1)**棚窖** 棚窖是一种临时性的简易贮藏场所,形式多种多样。棚窖在每年秋季贮果前建窖,贮藏结束后用土填平,可以用来贮藏苹果、梨等多种果品和马铃薯、胡萝卜等蔬菜。棚窖一般选择在地势高燥、地下水位低和空气畅通的地方构筑。窖的大小根据窖材的长短及贮藏量而定。一般宽为2.5~3米,长度不限。窖内的温湿度是依靠通风换气来调节的,因此建窖时需设天窗、窖眼等通风结构。天窗开在窖顶,宽0.5~0.6米,长形,距两端1~1.5米。窖眼在窖墙的基部及两端窖墙的上部,口径约为25厘米×25厘米,每隔1.6米左右开设一个窖眼。窖内温度变化主要是根据所贮产品的要求以及气温的变化,利用天窗及窖门进行通风换气来调节和控制的。窖内温度过低时,可在地面上喷水或挂湿麻袋来进行调节。

(2) **土窑洞** 我国黄土高原地带,多利用土窑洞贮藏水果和蔬菜。窑洞贮藏是充分利用地形特点,在厚土层中挖洞建窑进行贮藏的一种方式。由于深厚土层的导热性能较差,因此窑内温度受外界温度变化影响较小,温度较稳定,再加以自然通风降温,就能获得较低且稳定的贮藏温度。土窑洞的类型有多种,如大平窑型、主副窑型、侧窑型及地下式砖窑型。但各类土窑洞的主体结构基本上都是由窑门、窑身、通气孔 3 个部分构成。土窑洞贮藏的管理、基本原理与棚窑基本相同,也是利用通风换气控制窑洞内的温度。窑内相对湿度一般较高,无需调节。

(3) **井窑** 我国四川省普遍应用井窑大量贮藏果品。井窑修建在地平面以下,形似"三角瓶",用石板盖上窑口后,密闭性能好,窑内温度较低,相对湿度较大,贮藏果品腐烂较少。井窑的缺点是容量小,操作不便,为了集中贮藏,方便管理,一般挖群窑;另外,井窑通风较差,所以对于采后呼吸速率较高、能放出大量二氧化碳和乙烯等气体的果蔬不适宜使用。

3. 堆藏

堆藏是将果蔬按一定的形式堆积起来,然后根据气候变化情况,用绝缘材料加以覆盖,可以防晒、隔热或防冻、保暖,以便达到贮藏保鲜的目的。堆藏按地点不同,可分为室外、室内和地下室堆藏等。

4. 架藏

架藏是将果蔬存放在搭制的架上进行贮藏保鲜。架藏按照贮藏架的开头和放置果蔬方式,可分为竖立架、"人"字形栅架、塔式挂藏架、斜坡式挂藏架和"S"形铁钩等形式。

第三章　果蔬贮藏保鲜方式与管理

5.假植贮藏

假植贮藏是将在田间生长的蔬菜连根拔起,然后放置在适宜的场所抑制其生理活动,保持蔬菜鲜嫩品质。

除以上贮藏方式外,其他贮藏方式还有缸藏、冰藏、冻藏、挂藏等。

二、通风贮藏

通风贮藏是指在有较为完善隔热结构和较灵敏通风设施的建筑中,利用库房内、外温度的差异和昼夜温度的变化,以通风换气的方式来维持库内较稳定和较适宜贮藏温度的一种贮藏方法。通风贮藏在气温过高和过低的地区和季节,如果不加其他辅助设施,仍难以达到和维持理想的温度条件,且湿度也不易精确控制,因而贮藏效果不如机械冷藏。通风库有地下式、半地下式和地上式3种形式,其中地下式与西北地区的土窑洞极为相似。半地下式在北方地区应用较普遍,地上式以南方通风库为代表。

通风贮藏库多建成长方形,为了便于管理,库容量不宜过大,目前我国各地发展的通风贮藏库,通常跨度为5～12米,长度为30～50米,库内高度一般为3.5～4.5米。库顶有拱形顶、平顶、脊形顶。如果要建一个大型的贮藏库,可分建若干个库组成一个库群。北方寒冷地区大多将库房分为两排,中间设中央走廊,宽度为6～8米,库房的方向与走廊垂直,库门开向走廊。走廊的顶盖上设有气窗,两端设双重门,以减少冬季寒风对库的影响。温暖地区的库群以单设库门为好,以便利用库门通风换气。

通风库贮藏过程中应做好以下几个方面的管理:

(1)**消毒**　每次清库后,要彻底清扫库房,一切可移动、拆卸的设备、用具都搬到库外,进行日光消毒。

(2)**产品的入库和码垛**　各种果蔬最好先包装,再在库内堆成垛,垛四周要漏空通气,或将果蔬放在贮藏架上。

(3) 温湿度管理　秋季产品入库之前充分利用夜间冷空气,尽可能降低库体温度。入贮初期,以迅速降温为主,应将全部的通风口和门窗打开,必要时还可以用鼓风机辅助。实践证明,在排气口装风机将库内空气抽出,比在进气口装吹风机向库内吹风要好。随着气温的逐渐下降要缩小通风口的开放面积,到最冷的季节要关闭全部进气口,使排气筒兼具进气和排气作用,或缩短放风时间。

(4) 通风库的周年利用　近年来各地大力发展夏菜贮藏,通风库可以周年利用。使用时要注意两点:一方面,要在前批产品清库与后批产品入库的空当时间,抓紧做好库房的清扫、维修工作,如果必须消毒或除异味,可以施用臭氧,闷闭2小时,福尔马林、硫黄熏蒸只能用于空库的消毒;另一方面,要做好夏季的通风管理工作,在高温季节应停止通风或仅在夜间通风。

三、机械冷藏

机械冷藏指的是利用制冷剂的相变特性,通过制冷机械循环运动的作用产生冷量,并将其导入有良好隔热效果的库房中,根据不同贮藏商品的要求,将库房内的温湿度条件控制在合理的水平,并适当加以通风换气的一种贮藏方式。

机械冷藏起源于19世纪后期,是当今世界上应用最广泛的新鲜果蔬贮藏方式,机械冷藏现已成为我国新鲜果蔬贮藏的主要方式。目前世界范围内机械冷藏库正向着操作机械化、规范化、控制精细化、自动化的方向发展。

机械冷藏是在利用良好隔热材料建筑的仓库中,通过机械制冷系统的作用,将库内的热传送到库外,使库内的温度降低并保持在有利于延长产品贮藏期的温度水平。

机械冷藏库根据对温度的要求不同分为高温库(0℃左右)和低温库(低于－18℃)2类。用于贮藏新鲜果品蔬菜的冷库为0℃左右

第三章 果蔬贮藏保鲜方式与管理

的高温库。冷藏库根据贮藏容量大小划分,虽然具体的规模尚未统一,但大致可分为4类,见表3-1。不同库容的冷库能够贮藏的果蔬的容量可通过其容重进行换算,部分果蔬的容重见表3-2。

目前,我国贮藏新鲜果蔬产品的冷藏库中,大型、大中型库占的比例较小,中小型、小型库较多。近年来个体投资者建设的多为小型冷藏库。

表3-1 机械冷藏库的库容分类

规模类型	容量/吨	规模类型	容量/吨
大型	>10000	中小型	1000～5000
大中型	5000～10000	小型	<1000

表3-2 部分果品蔬菜的容重

名称	马铃薯	洋葱	胡萝卜	芜菁	甘蓝	甜菜	苹果
容重(千克/米³)	1300～1400	1080～1180	1140	660	650～850	1200	500

1. 机械冷库的构造

机械冷库的建筑主体包括支撑系统、保温系统、防潮系统。

(1)冷库的支撑系统 支撑系统即冷库的骨架,是保温和防潮系统赖以敷设的主体,一般由钢筋、砖、水泥筑成。

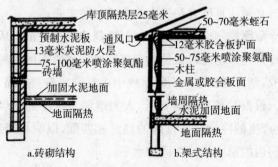

图3-1 冷库的支撑系统

(2)冷库的保温系统 保温系统是由绝缘材料敷设在库体的内侧面上,形成连续密合的绝热层,以阻隔库外的热向库内传导。

绝缘层厚度(厘米)=[材料的导热率×总暴露面积(米^2)×库内外最大温差(℃)×24×100]/全库热源总量(千焦/天)

(3)冷库的防潮系统 冷库的防潮系统主要是由良好的隔潮材料敷设在保温材料周围,形成一个闭合系统,以阻止水汽的渗入。防潮系统和保温系统一起构成冷库的围护结构。

2. 冷库的设计

(1)库址的选择 库址应选在水电使用方便、交通便利、没有强光照射、无热风频繁出现、地下水位低、排水条件好的地方。

在选择好库址的基础上,根据允许占用土地的面积、生产规模、冷藏的工艺流程、产品装卸运输方式、设备和管道的布置要求等来决定冷藏库房的建筑形式(单层、多层),确定各库房的外形和各辅助用房的平面建筑面积和布局,并对相关部分的具体位置进行合理的设计(具体参见《中华人民共和国冷库设计规范》)。

(2)机械冷藏库的制冷系统 机械冷藏库达到并维持适宜低温依赖于制冷系统的工作,通过制冷系统持续不断运行排除贮藏库房内各种来源的热能。制冷系统的制冷量要能满足以上热源的耗冷量(冷负荷)的要求,选择与冷负荷相匹配的制冷系统是机械冷藏库设计和建造时必须认真研究和解决的主要问题之一。

机械冷藏库的制冷系统是指由制冷剂和制冷机械组成的一个密闭循环制冷系统。制冷机械是由实现制冷循环所需的各种设备和辅助装置组成,制冷剂在这一密闭系统中重复进行着被压缩、冷凝和蒸发的过程。根据贮藏对象的要求,人为地调节制冷剂的供应量和循环次数,使产生的冷量与需排除的热量相匹配,以满足降温需要,保证冷藏库房内的温度维持在适宜水平。

制冷剂是指在制冷机械反复不断循环运动中起着热传导介质作

用的物质。理想的制冷剂应符合以下条件:汽化热大,沸点温度低,冷凝压力小,蒸发比容小,不易燃烧,化学性质稳定,安全无毒,价格低廉等。自机械冷藏应用以来,研究和使用过的制冷剂有许多种,目前生产实践中常用的有氨和氟利昂等。

制冷机械是由实现循环往复所需要的各种设备和辅助装置所组成的,其中起决定作用并缺一不可的部件有压缩机、冷凝器、节流阀(膨胀阀、调节阀)和蒸发器。由此四个部件即可构成一个最简单的压缩式制冷装置,除此之外的其他部件是为了保证和改善制冷机械的工作状况,提高制冷效果及其工作时的经济性和可行性而设置的,它们在制冷系统中处于辅助地位。这些部件包括贮液器、油分离器、空气分离器等(图3-2)。

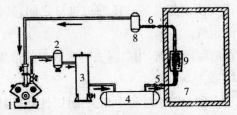

1. 压缩机　2. 油分离器　3. 冷凝器　4. 贮液器　5. 节流阀
6. 吸收阀　7. 贮藏库　8. 空气分离器　9. 蒸发器

图3-2　冷库制冷系统

制冷机械各主要部件在制冷过程中的作用分别介绍如下:

压缩机是将冷藏库房中由蒸发器蒸发吸热气化的制冷剂通过吸收阀的辅助压缩至冷凝程度,并将被压缩的制冷剂输送至冷凝器。

由压缩机输送来的高压、高温气体制冷剂在经过冷凝器时被冷却介质(风或水)吸去热量,促使其凝结液化,而后流入贮液器贮存起来。

节流阀起调节制冷剂流量的作用。通过增加或减少制冷剂输送至蒸发器的量控制制冷量,进而调节降温速度或制冷时间。液态制冷剂在高压下通过膨胀阀后,在蒸发器中由于压力骤减由液态变成气态。在此过程中制冷剂吸收周围空气中的热量,降低库房中的温度。

贮液器起贮存和补充制冷循环所需的制冷剂的作用。

电磁阀主要用于关闭和开启制冷系统中的管道,对压缩机起保护作用。电磁阀安装在冷凝器和膨胀阀之间,且启动线圈连接在压缩机和电动机的同一开关上。当压缩机电动机启动时,电磁阀通电而工作;当压缩机停止运转时,电磁阀即关闭,避免液态制冷剂进入蒸发器,从而避免压缩机启动时制冷剂液体进入压缩机发生冲缸现象。

油分离器安装在压缩机排出口与冷凝器之间,其作用是将压缩后高压气体中的油分离出来,防止流入冷凝器。

空气分离器安装在蒸发器和压缩机进口之间,其作用是除去制冷系统中混入的空气。

过滤器装在膨胀阀之前,用以除去制冷剂中的杂质,以防膨胀阀中微小通道被堵塞。

仪表的设置有利于制冷过程中相关条件、性能(温度、压力等)的了解和监控等。

(3)库内冷却系统 冷藏库房的冷却方式有直接冷却和间接冷却2种方式。间接冷却指的是制冷系统的蒸发器安装在冷藏库房外的盐水槽中,先冷却盐水,然后再将已降温的盐水泵入库房中吸取热量以降低库温,温度升高后的盐水流回盐水槽被冷却,继续输至盘管进行下一循环过程,不断吸热降温。用以配制盐水的多是氯化钠和氯化钙。随盐水浓度的增加,其冻结温度逐渐降低,因而可根据冷藏库房实际需要低温的程度配制不同浓度的盐水。

直接冷却方式指的是将制冷系统的蒸发器安装在冷藏库房内,直接冷却库房中的空气而达到降温目的。直接冷却方式有直接蒸发和鼓风冷却2种情况。直接蒸发有与间接冷却相似的蛇形管盘绕库内,制冷剂在蛇形管中直接蒸发。它的优点是冷却迅速,降温速度快。缺点是蒸发器易结霜而影响制冷效果,需不断除霜;温度波动大,分布不均匀且不易控制。这种冷却方式不适合在大中型园艺产品冷藏库房中应用。鼓风冷却是现代新鲜果蔬产品贮藏库普遍采用的方式。这一方式是将蒸发器安装在空气冷却器内,借助鼓风机的吸力将库内的热空气抽吸进入空气冷却器而降温,冷却的空气由鼓风机直接或通过送风管道(沿冷库长边设置于天花板下)输送至冷库的各部位,形成空气对流循环。这一方式冷却速度快,库内各部位的温度较为均匀一致,并且可通过在冷却器内增设加湿装置而调节空气湿度。

3. 冷库的管理

(1)温度 温度是决定新鲜园艺产品贮藏成败的关键。冷藏库温度管理的原则是适宜、稳定、均匀及产品进出库时的合理升降温。温度的监控可采用自动化系统实施。各种不同果蔬产品贮藏的适宜温度是有差别的,即使是同一种类,若品种不同,适宜温度也会存在差异,甚至成熟度不同也会产生影响。选择和设定的温度太高,贮藏效果不理想;温度太低则易引起冷害,甚至冻害。其次,为了达到理想的贮藏效果和避免田间热的不利影响,绝大多数新鲜园艺产品贮藏初期降温速度越快越好,但对于有些园艺产品,由于某种原因应采取不同的降温方法,如中国梨中的鸭梨应采取逐步降温方法,避免贮藏中冷害的发生。另外,在选择和设定适宜的贮藏温度的基础上,需维持库房中温度的稳定。温度波动太大,往往造成产品失水加重。贮藏环境中水分过饱和会导致结露,这一方面增加了湿度管理的困难,另一方面液态水的出现会造成微生物的活动繁殖,致使病害发生,腐烂增加。因此,贮藏过程中温度的波动应尽可能小,最好控制在±0.5℃以内,尤其是相对湿度较高时。此外,库房所有部分的温度要均匀一致,这对于长期贮藏的新鲜果蔬产品来说尤为重要。

(2)相对湿度 对绝大多数新鲜果品蔬菜来说,相对湿度应控制在90%~95%,较高的湿度条件对于控制果品蔬菜的水分蒸腾、保持新鲜十分重要。水分损失除直接减轻果蔬重量以外,还会使果蔬新鲜程度和外观质量下降(出现萎蔫等症状)、食用价值降低(营养含量减少及纤维化等)、加速成熟、衰老和病害的发生。与温度控制相似的是,相对湿度也要保持稳定。要保持相对湿度的稳定,维持温度的恒定是关键。建造库房时,增设能提高或降低库房内相对湿度的湿度调节装置是维持湿度符合规定要求的有效手段。人为调节库房相对湿度的措施有:当相对湿度低时,对库房增湿,如地坪洒水、空气喷雾等;对产品进行包装,创造高湿的小环境,如用塑料薄膜单果套袋或以塑料袋作内衬等都是常用的手段。

(3)**通风换气** 通风换气即对库内外进行气体交换,以减少库内产品新陈代谢产生的乙烯、二氧化碳等废气。通风换气是机械冷藏库管理中的一个重要环节。通风换气应在库内外温差最小时段进行,每次1小时左右,每间隔数日进行一次。

(4)**库房及用具的清洁卫生和防虫防鼠** 贮藏环境中的病、虫、鼠害是引起果蔬贮藏损失的主要原因之一。果蔬贮藏前库房及用具均应进行认真彻底的清洁消毒,做好防虫、防鼠工作。用具(包括垫仓板、贮藏架、周转箱等)用漂白粉水溶液进行认真清洗,晾干后入库。用具和库房在使用前需进行消毒处理,常用的方法有:硫黄熏蒸(10克/米^3,12~24小时);福尔马林熏蒸(36%甲醛12~15毫升/米^3,12~24小时);过氧乙酸熏蒸(26%过氧乙酸5~10毫升/米^3,12~24小时);0.2%过氧乙酸或0.3%~0.4%有效氯漂白粉溶液喷洒。

(5)**产品的入贮及堆放** 商品入贮时堆放的科学性对贮藏有明显影响。堆放的总要求是"三离一隙"。"三离"指的是离墙、离地面、离天花板。"一隙"是指垛与垛之间及垛内要留有一定的空隙。新鲜果蔬产品堆放时,要做到分等、分级、分批次存放,尽可能避免混贮情况的发生,尤其对于需长期贮藏或相互间有明显影响的,如串味、对乙烯敏感性强的产品等,更应如此。

(6)贮藏产品的检查 新鲜果蔬产品在贮藏过程中,不仅要注意对贮藏条件(温度、相对湿度)的检查、核对和控制,并根据实际需要记录、绘图和调整等,还要组织对贮藏库房中的商品进行定期检查,了解产品的质量状况和变化,做到心中有数,发现问题及时采取相应的措施。对商品的检查应做到全面和及时,对于不耐贮的新鲜果蔬每间隔3～5天检查一次,耐贮性好的可间隔15天甚至更长时间检查一次。

四、气调贮藏

"气调贮藏"是调节气体成分贮藏的简称,指的是改变新鲜园艺产品贮藏环境中的气体成分(通常是增加浓度或降低浓度以及根据需求调节其气体成分浓度)来贮藏产品的一种方法。

1. 气调贮藏的基本原理

在改变了气体浓度组成的环境中,新鲜果蔬产品的呼吸作用受到抑制,降低了呼吸强度,推迟了呼吸峰出现的时间,延缓了新陈代谢速度,推迟了成熟和衰老,减少营养成分和其他物质的降低和消耗,从而有利于园艺产品新鲜质量的保持。同时,较低的氧浓度和较高的二氧化碳浓度能抑制乙烯的生物合成、削弱乙烯生理作用的能力,有利于新鲜园艺产品贮藏寿命的延长。此外,适宜的低氧和高二氧化碳浓度具有抑制某些生理性病害和病理性病害发生发展的作用,减少产品贮藏过程中的腐烂损失。低氧和高二氧化碳浓度的效果在低温下更为显著。因此,气调贮藏应用于新鲜果蔬产品贮藏时,通过延缓产品的成熟和衰老、抑制乙烯生成等作用及防止病害的发生,能更好地保持产品原有的色、香、味、质地特性和营养价值,有效地延长果蔬产品的贮藏和货架寿命。

2. 气调贮藏的类型

气调贮藏自进入商业性应用以来,大致可分为两大类:即自发气调贮藏和人工气调贮藏。

自发气调贮藏指的是利用贮藏对象——新鲜果蔬产品自身的呼吸作用降低贮藏环境中氧的浓度,同时提高二氧化碳浓度的一种气调贮藏方法。自发气调贮藏的方法多种多样,在我国多用塑料袋密封贮藏果蔬后进行贮藏,如蒜薹简易气调、硅橡胶窗贮藏也属于自发气调贮藏范畴。

自发气调贮藏技术能非常广泛地应用于果品蔬菜的贮藏,是因为塑料薄膜除使用方便、成本低廉外,还具有一定的透气性。通过果品蔬菜的呼吸作用,会使塑料袋(帐)内维持一定的氧气和二氧化碳比例,加上人为的调节措施,会形成有利于延长果品蔬菜贮藏寿命的气体成分。另外,果蔬装入塑料袋(帐)前必须经过预冷处理,使产品温度达到或接近贮藏温度后,才可装入塑料袋(帐)封闭。

人工气调贮藏指的是根据产品的需要和人的意愿调节贮藏环境中各气体成分的浓度并保持稳定的一种气调贮藏方法。人工气调贮藏由于氧气和二氧化碳的比例严格控制而做到与贮藏温度密切配合,故其比自发气调贮藏先进,贮藏效果好,是当前发达国家采用的主要类型,也是我国今后发展气调贮藏的主要目标。

气调库的气体调节系统由贮配气设备、调气设备和分析监测仪器设备共同组成。气调库的构造如图 3-3 所示。

气调库的气密性是气调库贮藏的关键控制环节。气调库气密性检验和补漏时要注意以下问题:

①保持库房处于静止状态;维持库房内外温度稳定。

②库内压力不要升得太高,保证围护结构的安全。

③要特别注意围护结构、门窗接缝处等重点部位,发现渗漏部位应及时做好记号。

④要保持库房内外的联系,以保证人身安全和工作的顺利进行。

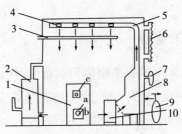

a. 气密筒　b. 气密孔　c. 观察窗
1. 气密门　2. 二氧化碳吸收装置　3. 加热装置　4. 冷气出口　5. 冷风管
6. 呼吸袋　7. 气体分析装置　8. 冷风机　9. 氮发生器　10. 空气净化器

图 3-3　气调库的构造示意图

3. 气调贮藏的条件

新鲜园艺果蔬产品气调贮藏时选择适宜氧气和二氧化碳及其他气体的浓度及配比是气调成功的关键。要求气体配比的差异主要取决于产品自身的生物学特性。根据对气调反应的不同，新鲜果蔬产品可分为三类，即：对气调反应明显的，代表种类有苹果、猕猴桃、香蕉、草莓、蒜薹、绿叶菜类等；对气调反应不明显的，如葡萄、柑橘、土豆、萝卜等；介于两者之间，对气调反应一般的，如核果类等。只有对气调反应明显和一般的新鲜园艺产品才有进行气调贮藏的必要和潜力。常见新鲜园艺产品气调贮藏时适宜的氧气（O_2）和二氧化碳（CO_2）浓度见表 3-3。

表 3-3　新鲜水果蔬菜气调贮藏时 O_2 和 CO_2 浓度配比

种类	O_2(%)	CO_2(%)	种类	O_2(%)	CO_2(%)
苹果	1.5~3	1~4	番茄	2~4	2~5
梨	1~3	0~5	莴苣	2~2.5	1~2
桃	1~2	0~5	花菜	2~4	8
草莓	3~10	5~15	青椒	2~4	5~7
无花果	5	15	生姜	2~5	2~5
猕猴桃	2~3	3~5	蒜薹	2~5	0~5
柿	3~5	5~8	菠菜	10	5~10
荔枝	5	5	胡萝卜	2~4	2
香蕉	2~4	4~5	芹菜	1~9	0
芒果	3~4	4~5	青豌豆	10	3
板栗	2~5	0~5	洋葱	3~6	8~10

4. 气调贮藏的管理

气调贮藏的气体指标有单指标和双指标,气体的调节方法有自然降氧法(缓慢降氧法)和人工降氧法(快速降氧法)。气调贮藏库的温度、湿度管理与机械冷库基本相同,可以借鉴。对于易发生冷害的果蔬,气调贮藏温度可提高 1~2℃。塑料袋(帐)内湿度偏高,易发生结露现象,应注意避免。气调贮藏不仅要分别考虑温度、相对湿度和气体成分,还应综合考虑三者之间的配合。生产实践中必须寻找三者之间的最佳配合,当一个条件发生改变时,其他的条件也应随之改变,才能继续维持一个较适宜的综合环境。

五、其他贮藏

1. 减压贮藏

减压贮藏,又称"低压贮藏",指的是在冷藏基础上将密闭环境中的气体压力由正常的大气状态降低至负压,造成一定的真空度后来贮藏新鲜果蔬产品的一种贮藏方法。减压贮藏作为新鲜园艺产品贮藏的一个技术创新,可视为气调贮藏的进一步发展。减压的程度依不同产品而有所不同,一般为正常大气压的 1/10 左右。

减压下贮藏新鲜园艺产品的效果比常规冷藏和气调贮藏好,贮藏寿命更长。减压贮藏能显著减慢新鲜园艺产品的成熟、衰老过程,保持产品原有的颜色和新鲜状态,防止组织软化,减轻冷害和生理失调,且减压程度越大,作用越明显。

一个完整的减压贮藏系统包括 4 个方面的内容:降温、减压、增湿和通风。减压贮藏的设备如图 3-4 所示。新鲜园艺产品置入气密性状良好的减压贮藏专用库房并密闭后,用真空泵进行连续抽气来达到所要求的低压。当所要求的真空压力满足后,调节各管路的阀门并增湿,且进入贮藏库的新鲜空气的补充量与被抽走的空气量达到平衡,以维持稳定的低压状态。

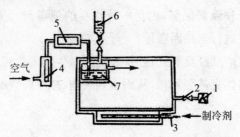

1.真空泵　2.气阀　3.冷却排管　4.空气流量调节器
5.真空调节器　6.贮水池　7.水容器

图 3-4　减压冷藏

2. 辐射处理贮藏

电离辐射指的是能使物质直接或间接电离(使中性分子或原子产生正负电荷)的辐射(如 γ 辐射、X 辐射和中子辐射)和粒子辐射(如 α 射线、β 射线和电子束)。辐射处理新鲜园艺产品的作用包括:抑制呼吸作用、内源乙烯产生及过氧化物酶等活性而延缓成熟和衰老,抑制发芽,杀灭寄生虫,抑制病原微生物的生长活动,避免由此而引起的腐烂,从而减少采后损失和延长产品的贮藏寿命(表 3-4)。

表 3-4　辐射处理的目的、剂量及典型产品

辐射目的	剂量/kGy	典型新鲜园艺产品
抑制发芽	0.05～0.15	马铃薯、洋葱、大蒜、板栗、红薯、生姜
延缓成熟和衰老	0.5～1.0	香蕉、苹果、凤梨、芒果、番木瓜、番石榴、人参果、芦笋、食用菌、无花果、猕猴桃、甘蓝
改善品质	0.5～10.0	银杏、柚
杀灭寄生虫	0.1～1.0	板栗、梨、芒果、椰子、番木瓜、草莓
灭菌	1.0～7.0	草莓、板栗、芒果、荔枝、樱桃

· 47 ·

3. 臭氧处理贮藏

臭氧是一种强氧化剂,也是一种优良的消毒剂。臭氧一般由专用装置对空气进行电离而获得。

新鲜果蔬产品经臭氧处理后,表面的微生物发生强烈的氧化,使细胞膜破坏而休克甚至死亡,从而达到灭菌、减少腐烂的效果。

第四章
果蔬贮藏保鲜新技术

果蔬保鲜方法一般有2种。一种方法是采用低温贮藏、气调贮藏、减压贮藏等控制贮藏气体成分,从而达到控制采后生理作用和病理作用的目的。这种方法需要一定的设备和能源,成本相对较高。另一种方法是使用保鲜剂,如用吸附剂除掉内源乙烯、乙醇、乙醛等有害物质;用防腐剂抑制霉菌和其他污染菌滋生繁殖;用涂被剂控制果实的水分散发;用气体调节剂控制贮藏环境中氧气和二氧化碳的适当比例,抑制呼吸作用,延迟后熟和衰老,从而达到长期保鲜的目的。果蔬保鲜剂既可以在低温贮藏中使用,也可以在常温贮藏中使用;既可以在大批量的贮藏中使用,也可以在小批量的简易贮藏中使用。保鲜剂的制造和使用方法简便,所用原料容易获得,只要找到适宜的配方和工艺流程,就能掌握调制技术。它不需要大规模的设备投资,贮藏保鲜果蔬的成本相对较低,深受果农、经营者和消费者的欢迎。贮藏冷库采用综合措施的同时使用保鲜剂,更能达到延长贮藏期、减少损耗的目的。保鲜剂与适当的包装条件并用,更有利于果品的产地贮藏和长途运输。保鲜剂的种类很多,按其作用和使用方法,可分为涂膜保鲜剂、防腐保鲜剂、乙烯脱除剂、气体发生剂、气体调节剂、生理活性调节剂、湿度调节剂等。

一、减压贮藏保鲜技术

减压贮藏是降温和低压结合的贮藏方式。其方法是在贮藏果蔬的冷藏室内,用真空泵抽出空气,使室内气压降低到一定程度,并在整个贮藏期内,始终保持低压。同时,使用压力调节器将新鲜空气不断通过加湿器进入冷藏室,使室内的产品始终处于恒定的低压、低温、高湿和新鲜空气的贮藏环境之中。

二、电磁处理保鲜技术

目前,电磁处理保鲜技术采用的方法是磁场处理和高压电场处理。磁场处理指产品在一个电磁线圈内,通过控制磁场强度和产品移动速度,使产品受到一定的磁力线影响。高压电场处理,即一个电极悬空,一个电极接地,两者之间便形成不均匀的电场,将产品置于电场内,接受间歇的或连续的正离子、负离子和臭氧处理。对于植物的生理活动,正离子起促进作用,负离子起抑制作用,故在果蔬贮藏上常用负离子空气处理。臭氧是氧化性极强的氧化剂,有灭菌消毒、破坏乙烯等作用。果蔬采用臭氧处理,可以抑制呼吸,延缓成熟,减少腐烂。目前,国内已有负离子空气发生器和臭氧发生器定型设备。

三、乙烯脱除剂保鲜技术

果蔬在代谢过程中产生的植物激素——乙烯,是带有甜香味的无色气体,它有增加果蔬呼吸和促进后熟、衰老的作用,能降解叶绿素,使果实颜色变黄。在果蔬贮藏保鲜中,乙烯属于有害气体,只要有千万分之一的低浓度乙烯存在,就足以诱发果蔬成熟,而且成熟的果蔬又会放出乙烯而诱发其他果蔬的成熟。这些果蔬一旦成熟,其品质状况就会日趋衰败。由此可见,贮藏过程中果蔬放出的微量乙烯是导致果实衰败和影响贮藏寿命的关键。因此,以人工方法脱除果实自身产生的乙烯,可以有效地保持果实的品质,延长贮藏期。乙烯脱除剂就是利用这一原理而达到保鲜目的的。

乙烯脱除剂是保鲜剂中的一个重要品种,用法简便,效果明显,使用安全,已广泛应用于各种水果、蔬菜的贮藏保鲜。

乙烯脱除剂按其作用原理分为物理型吸附剂、氧化型吸附剂和触媒型吸附剂3种类型。

物理型吸附剂如活性炭、沸石、硅藻土等多孔物质,利用其比表面积大的特点吸附各种有害气体。活性炭比表面积为500~1500米^2/克,对气体和有机高分子物质有极强的吸附能力,干燥活性炭的吸附量达18毫克/(克·小时),而蔬菜的乙烯释放量最高时可达10毫克/(千克·24小时),即每千克蔬菜最多在24小时内释放10毫克乙烯。活性炭的使用量一般为果蔬重量的0.3%~3%,使用方法是将干燥的柱状活性炭装入有透气性的布、纸等小袋内,连同待贮物一起装入塑料袋或其他容器中贮藏。如活性炭受潮,吸附性能会降低,应予以更换。

氧化型吸附剂是以强氧化剂与乙烯发生化学反应,去除乙烯气体,使乙烯失去催熟作用,所以氧化型吸附剂又称"化学吸附剂"。常用的有高锰酸钾、二氧化氯、过氧乙酸等。氧化型吸附剂一般不单独使用,而是将其覆于表面积大的多孔质吸附体的表面,构成氧化吸附型乙烯脱除剂。如以高锰酸钾作氧化剂时,一般先将其配制成饱和溶液(约63.6克高锰酸钾溶于1000毫升水中),使用多孔物质为载体,如沸石、硅藻土、蛭石、膨胀珍珠岩及碎砖块等。先将载体干燥后,再和高锰酸钾饱和溶液拌均匀,装入有透气性的小袋中,再与保鲜蔬菜等产品一同装入贮藏容器中。此法集吸附、氧化、中和三者为一体,能取得良好的保鲜效果。以沸石为载体(0.5~1.0纳米)时,沸石:高锰酸钾:水为1500:63.6:1000,用量为蔬菜重量的0.8%~2.5%。当载体为珍珠岩时,珍珠岩:高锰酸钾:水为10000:63.6:1000,用量为蔬菜重量的0.2%~0.8%。

触媒型吸附剂是用特定的有选择性的金属、金属氧化物或无机酸催化乙烯的氧化分解,适用于脱除低浓度的内源乙烯。其特点是使用量少,反应速度快,作用时间持久,脱除能力强,是一种有发展前途的保鲜剂。如将次氯酸钡100克、三氧化二铬100克、沸石200克混合,加少量水,搅拌均匀,制成粒径3毫米左右的颗粒或柱状体,阴干后在100℃下烘干,冷却后即为所要求的保鲜剂。此保鲜剂能够脱除内源乙烯及其他有害气体,同时具有灭菌防腐的作用,因此,能长期保持果蔬的鲜度,使用量为果蔬重量的0.3%~2%。

四、防腐保鲜剂保鲜技术

果蔬在采收前后都可能受到多种导致腐败的细菌和真菌的侵染,为了减少由微生物侵染所造成的损失,常在果蔬采收后、贮藏前进行一定的防腐处理。杀菌防腐剂是消灭微生物病害最有效的方法。常见的防腐剂种类如下。

(1)防护性杀菌剂 防护性杀菌剂主要有施保克、山梨酸及其盐类、邻苯酚、邻苯酚钠、氯硝胺、克菌灵、抑菌灵、复方百菌清等。防护性杀菌剂能够防止病原微生物侵入,对果蔬表面的微生物起到杀灭作用,可作洗果剂。

(2)新型抑菌剂 新型抑菌剂主要有抑菌唑、扑霉灵、百可得、扑海因等,属于广谱性类药。扑海因是新一代触杀型杀菌剂,能有效地防治冠腐病、黑腐病、青霉病、炭疽病等。

(3)熏蒸防腐剂 熏蒸防腐剂常以气体形式抑制或杀死果蔬表面的病原微生物,常用的药物有仲丁胺、二氧化硫释放剂、氨基丁烷、二氧化氯、克霉灵、联苯等。

①氯气。氯气是一种剧毒气体,具有很强的杀菌作用。氯气在潮湿的空气中易生成次氯酸,次氯酸不稳定,易分解生成原子氧,原子氧具有强烈的氧化作用,因而能杀死附着在蔬菜表面的微生物。

由于氯气极易挥发或被水冲洗掉,因此经过氯气处理的蔬菜表面残留的游离氯很少,对人体无毒副作用。如用塑料大帐贮藏番茄、黄瓜等蔬菜时,使用0.1%~0.2%氯气熏蒸,具有较好的贮藏保鲜效果。但在实际应用氯气处理时要注意:氯气浓度不宜过高,超过0.4%时就可能产生药害;此外,由于氯气的密度比空气的密度大,为防止氯气下沉造成下部蔬菜中毒,一定要保持帐内的空气循环流动。

②二氧化硫。二氧化硫为无色、不可燃性气体,在常温常压条件下,有强烈的刺激性臭味,具窒息性,是一种强烈的杀菌剂,易溶于水,生成亚硫酸。亚硫酸分子进入微生物细胞内,可造成原生质分解而致死。当二氧化硫浓度在0.01%以上就可抑制酵母菌的活性。同时,二氧化硫还具有漂白作用,特别是对花青素的影响最大,在贮藏时应加以注意。

二氧化硫及亚硫酸对人体具有毒害作用,对眼睛和呼吸道黏膜有强烈的刺激作用,若在人的胃中二氧化硫量达到80毫克,即产生毒副作用。我国规定二氧化硫在车间空气中的最高容许量为15毫克/米^3。国际联合食品添加剂专家委员会规定,每天允许摄取量为0~0.7毫克/千克体重。

二氧化硫的来源很多,主要有:直接用气态二氧化硫通入密闭垛、帐或贮藏库内;燃烧硫黄生成二氧化硫气体;用亚硫酸氢盐如亚硫酸氢钠等吸水后也可释放出二氧化硫气体。二氧化硫也用于气调贮藏帐保鲜番茄、菜花等,有显著的保鲜效果。

在果蔬入库前,利用二氧化硫进行库房消毒时,一般每立方米用20~25克硫黄,放在盘内点燃后,硫黄生成二氧化硫。由于二氧化硫与水结合进一步生成亚硫酸,易腐蚀金属设备,所以消毒前要将库房内的金属设备暂时搬开,或在金属设备外部涂上防锈蚀涂料。库房消毒时,封库48小时,然后进行通风。

利用二氧化硫防腐消毒处理时应注意:

• 果蔬因种类、成熟度的不同,耐受二氧化硫的浓度也不同。若二氧化硫浓度过低,则达不到杀菌防腐的目的,若浓度过高,则对果蔬有漂白作用,严重时果蔬组织将受到破坏。一般在熏蒸时二氧化硫浓度控制在10~20毫克/千克比较安全。

• 由于二氧化硫气体对果蔬有药害,用二氧化硫处理时应在专门设置的熏硫室内进行。

• 由于二氧化硫对人的呼吸道黏膜和眼睛等有强烈的刺激作

用,操作人员进入库房时要戴口罩等,以保证安全。

③苯并咪唑类防腐剂。苯并咪唑类防腐剂主要包括特克多、苯来特、托布津、甲基托布津和多菌灵(苯咪唑甲酸酯)等。这类杀菌剂大多属于广谱、高效、低毒杀菌剂,应用广泛。可用于采后洗果,对防止柑橘、桃、梨、苹果等水果的发霉腐烂有明显的效果。其使用浓度一般为0.05%～0.2%,可以有效地防止大多数果蔬由于青霉菌和绿霉菌所引起的病害。其具体使用浓度:托布津为0.05%～0.1%,苯来特、多菌灵为0.025%～0.1%,特克多为0.066%～0.1%(以100%纯度计)。这些防腐剂若与2,4-D(2,4-二氯苯氧乙酸)混合使用,保鲜效果更好。

④仲丁胺。仲丁胺为无色、具氨臭、强碱性、易挥发的液体,可与水、乙醇任意混溶,沸点为63℃,相对密度为0.729毫克/毫升。仲丁胺别名2-氨基丁烷,另丁烷,为脂肪族胺之一。仲丁胺可抑制多种霉烂病,广泛应用于柑橘、苹果、梨、桃、蒜薹、黄瓜等果蔬的贮藏期防腐,对真菌性病害具有极显著的防治效果。仲丁胺在蔬菜贮藏上应用于洗果、浸果、喷果均可,一般洗果、浸果及喷果用量为1%～2%,熏蒸用量为25～200毫升/千克,其半数致死量为350～380毫升/千克,允许残留量为20～30毫升/千克。浸果的最佳条件为:水温在45℃以下,pH低于9.0,处理时间大于或等于1分钟。

仲丁胺及其易分解的盐类(如碳酸盐、亚硫酸氢盐)均具有熏蒸性。其衍生物可制成乳剂、油剂、烟剂、蜡剂等使用,且可与多种杀菌剂、抗氧化剂、乙烯吸附剂等配合使用;也可加到塑料膜及包装箱、包果纸等包装材料中起到防腐保鲜作用。目前市售的保鲜剂如克霉灵、保果灵、洁腐净等均是以仲丁胺为主要成分的制剂。

⑤联苯(联二苯)。联苯为白色结晶盐,有奇特的芳香味。熔点为69～71℃,沸点为254～255℃。不溶于水,易溶于乙醇、乙醚等多种有机溶剂,饱和含量为10毫克/升,易升华。其半数致死量为3280毫克/千克,允许残留量为70～100毫克/千克。

第四章 果蔬贮藏保鲜新技术

联苯是一种易挥发的抗真菌药剂,能强烈抑制青霉菌、绿霉菌、黑蒂腐菌、灰霉菌等多种病害,对柑橘类水果具有良好的防腐效果。

将联苯溶于石蜡涂布于牛皮纸上,制成"联苯垫",放于箱底或顶部,利用"联苯垫"自然蒸发进行蒸汽杀菌。但是用联苯处理的果实,需在空气中暴露数日,待药物挥发后才能食用。

⑥山梨酸(2,4-己二烯酸)与山梨酸钾。山梨酸是一种不饱和脂肪酸,可以与微生物酶系统中的巯基结合,从而破坏许多重要的酶系统,达到抑制酵母、霉菌和好气性细菌生长的目的。山梨酸只有透过细胞壁进入微生物体内才能起作用,分子态的抑菌活性比离子态强。当溶液 pH 小于 4.0 时,抑菌活性强,而 pH 大于 6.0 时,抑菌活性降低。山梨酸若与过氧化氢溶液混合使用,抗微生物活性会显著增强。山梨酸的毒性低,只有苯甲酸钠的 1/4,但其防腐效果却是苯甲酸钠的 5~10 倍。一般使用浓度为 2% 左右,山梨酸的使用方法有溶液浸洗、喷雾或涂在包装膜上。

山梨酸钾为白色至浅黄色,呈鳞片状结晶、结晶性粉末或粒状,无臭或微臭。长期存放于空气中易吸潮并氧化分解而着色,易溶于水,1% 的水溶液的 pH 为 7.0~8.0,有很强的抑制腐败菌和霉菌的作用,并因其毒性远比其他防腐剂低,故已成为世界上最主要的防腐剂。在酸性条件下能充分发挥其防腐作用,中性时作用最低。在果蔬保鲜方面的使用方法同山梨酸。

使用化学防腐保鲜剂应注意病原菌的抗药性,由于长期使用同一种杀菌剂,容易使病原菌对某一种杀菌剂产生抗性,因此可采用混配的方法或选择作用机制不同的杀菌剂轮换使用。另外,要注意防腐保鲜剂的用量与残存,要科学合理地使用防腐保鲜剂,控制在有效浓度低限内,或者与其他多种保鲜方法配合,采用综合防腐保鲜技术。

五、涂被保鲜剂保鲜技术

随着果蔬的生长发育,在其表皮细胞上不断地有角质和蜡的累积,表现为表面坚硬、有"白霜",使果实的水分蒸发受到抑制。但在采收以后,贮藏期间果蜡易降解,所以需要在采后进行人工涂膜处理,以减少果蔬的水分损失,保持其新鲜亮泽,提高果蔬的商品价值。涂被保鲜剂通常是用蜡(如蜂蜡、石蜡、虫蜡等)、天然树脂、脂类(如棉籽油等)、明胶、淀粉等造膜物质制成的适当浓度的水溶液或乳液。采用浸渍、涂抹、喷布等方法施于果蔬的表面,风干后形成一层薄薄的透明被膜,以达到抑制果蔬呼吸作用的目的。

1. 涂被剂的作用

果实的涂被处理作为提高果实品质的重要手段之一,早在20世纪30～50年代已在商业上普遍使用。目前发达国家在苹果、柑橘、香蕉、茄子、番茄、辣椒、黄瓜及一些根菜类等新鲜果蔬上市前大部分都要进行涂膜处理。

果实涂膜后,表面形成一层蜡质薄膜,使果实处于半封闭状态。这样可以增加果实的光泽,美化外观,提高商品价值;减少果实在贮藏、运输过程中的水分损失,防止果皮皱缩;由于减少了与空气的接触,果实的呼吸作用受到一定的抑制;同时还能防止微生物的侵染,减少果实的腐烂。

2. 涂被剂的种类

(1)蜡膜涂被剂 如先将100克蜂蜡和10克蔗糖脂肪酸酯溶解在乙醇中,再将20克酪蛋白钠溶解在水中,两液混合后定容到1000毫升(量多按比例配制),快速搅拌,乳化分散后即为所要求的保鲜剂。用浸涂法施于番茄、茄子、苹果、梨等表面,风干后即形成一层保鲜膜。

(2)天然树脂膜涂被剂 如将50克虫胶加入80毫升乙醇、80毫升乙二醇的混合溶液中浸泡,使其溶解,加1500毫升氢氧化钠水溶液(由20克氢氧化钠配制而成),加热搅拌,使溶解了的虫胶皂化(量大时按上述比例调配)。将苹果、柑橘、梨等果实放在此溶液中浸渍,取出后风干,即形成一层透明的薄薄的保鲜膜。

(3)油脂膜涂被剂 先将琼脂浸泡在1000毫升温水中,待溶胀后加热化开。然后加入酪蛋白钠2克,脂肪族单酸甘酯2.5克,豆油400克,进行高速搅拌得到乳化液(量大时按上述比例调配)。将待保鲜物放在该乳液中浸渍,取出风干后贮存,保鲜期明显延长。例如,用上述乳化液处理蚕豆荚,在室温下存放半个月,仍保持绿色。未经处理的蚕豆荚,3天后表面即变黑,这种保鲜剂适用于果菜类的贮运保鲜。

(4)其他膜涂被剂 先用少许冷水将100克淀粉调匀,倒入10千克沸水中调制成稀糨糊。冷却后加50克碳酸氢钠,充分搅拌均匀。将柑橘在此浆液中浸渍,捞出晾干后形成一层保护膜,按常规方法包装,置于阴凉处贮藏。

3.涂膜的方法与注意事项

蔬菜涂膜必须注意做到薄而均匀。涂膜的方法主要有2种:一种是手工涂膜,另一种是机械涂膜。

(1)手工涂膜 手工涂膜多采用浸涂法、刷涂法和抹涂法等。其中浸涂法最简便,即将被膜剂配制成适宜浓度的溶液,将果实浸泡其中,使其表面蘸上被膜剂,取出晾干或烘干即成。刷涂法是用细软毛刷蘸上被膜剂,然后将果实在刷子之间辗转擦刷,使其表面均匀地涂上一层涂料膜。抹涂法是利用具有一定尺寸的木槽,槽内垫一定厚度的泡沫塑料或橡胶,倾斜10°左右,使果实能自然滚动完成涂抹。

(2)机械涂膜 目前世界上的涂果机种类很多,一般是由洗果、擦吸干燥、涂膜、低温干燥、分级和包装等部分联合组成。采用的涂膜方式有浸涂、刷涂、喷涂等。

注意事项:果实的涂膜处理虽然能有效阻止采后果实水分的大量蒸发,但是由于果实缺氧易发生生理障碍,从而导致果实产生异味和更多的腐烂。因此,涂膜处理后的果实不宜作长期贮藏。一般涂膜处理在贮藏或上市之前进行。涂膜的厚度要均匀、适量,过薄则效果不明显,过厚会引起果肉呼吸失调,导致一系列生理生化变化,使果实品质下降。因为涂膜处理只是减少果实的蒸发作用,而不能防止果实腐烂,所以在涂被剂中常添加杀菌剂和防腐剂来防止果实腐烂。

4.涂被剂的应用效果

目前商业上使用的大多数涂被剂以石蜡和巴西棕榈蜡混合作为基础原料,石蜡可以很好地控制失水,而巴西棕榈蜡能使果面产生诱人的光泽。近年来,含有聚乙烯、合成树脂、乳化剂和润湿剂的涂被剂发展很快,它们常作为杀菌剂或防止衰老、生理失调和发芽的抑制剂的载体。在涂料中加入 2,4-D、多菌灵及某些中草药成分,制成各种配方的混合剂,既有防腐作用又有保鲜作用。

六、气体发生(调节)剂保鲜技术

气体发生剂是利用挥发性物质或经过化学反应产生的气体,如二氧化硫、卤族气体、乙醇、乙烯、二氧化碳等,这些气体能够杀菌或脱除有害气体、调节贮藏环境气体成分、着色、脱涩等。如二氧化硫发生剂释放的二氧化硫能抑制导致硬球花椰菜灰霉菌病的致病菌;二氧化碳发生剂碳酸氢钠释放的二氧化碳能抑制呼吸作用。

(1)二氧化硫发生剂　此法适用于贮藏葡萄、芦笋、硬花球花椰菜等容易发生灰霉菌病的果蔬。如将重亚硫酸钠 50 克与氧化硅胶 100 克混合(或按此比例配制),分装在用棉纸制成的小袋内,将选好的葡萄分两层、果梗朝上排列在箱内,内衬聚乙烯薄膜袋,置于库温

0~2℃、相对湿度90%的库内,可贮存4个月以上,使用量一般为0.5%~1%。

(2)卤族气体发生剂 将碘化钾10克、活性白土10克、乳糖80克(或按此比例配制)放在一起充分混合,用透气性的纤维质材料如纸、布等包装使用。亦可制成颗粒装在上述包装体中使用。使用量因贮藏的品种和包装材料的透气性能不同而有很大差异,通常按每千克果实使用无机卤化物10~1000毫克。

(3)乙醇蒸气发生剂 将30克无水硅胶放在40毫升无水乙醇中浸渍,令其充分吸附。吸附完后除掉多余液体,装入耐湿透气性的容器中,与10千克水果(如绿色香蕉)一起装入聚乙烯薄膜袋内,密封后置于温度20℃左右的环境中保存,经3~6天即可成熟。这种催熟方法最适合从南方向北方的长途运输中使用,到达目的地后就可出售。

(4)二氧化碳发生剂 将碳酸氢钠73克、苹果酸88克、活性炭5克放在一起混合均匀(量多时按此比例配制),即得到能够释放二氧化碳气体的果蔬保鲜剂。为了便于使用和充分发挥保鲜效果,应将保鲜剂分装成5~10克的小袋。使用时将其与保鲜的果蔬一起封入聚乙烯袋、瓦楞纸果品箱等容器中即可。

苹果酸有D-苹果酸、L-苹果酸、D,L-苹果酸,其中以D,L-苹果酸的效果最好。活性炭是具有吸附性、高表面积的多孔体,能够吸附有害气体,并吸收水分,保持保鲜剂的适宜湿度,调节二氧化碳释放速度。二氧化碳浓度增加,可以抑制氧化酶的活性,降低果实的呼吸作用,延长其贮藏期。二氧化碳发生剂用量为果蔬重量的0.1%~1%。

(5)脱氧剂 在果蔬贮藏保鲜中,使用脱氧剂必须与相应的透气、透湿的包装材料如低密度聚乙烯薄膜袋、聚丙烯薄膜袋、KOP(聚乙烯、偏二氯乙烯、聚丙烯层压)薄膜袋等配合使用,才能取得较好的效果。将铁粉60克、七水硫酸亚铁10克、氯化钠7克、大豆粉23克混合均匀(量大时按此比例配制),装入有透气性的小袋内,与待保鲜果蔬一起装入塑料容器中密封即可。一般1克保鲜剂可以脱除1000毫升密闭空间的氧气。

(6)二氧化碳脱除剂 适度的二氧化碳气体能抑制果蔬的呼吸强度,但必须根据不同的果蔬对二氧化碳的适应能力,相应地调整气体组成成分。在可能引起二氧化碳高浓度障碍时,使用二氧化碳脱除剂更有效。将500克氢氧化钠溶解在500毫升水中,配制成饱和溶液,然后将草炭投入氢氧化钠水溶液中,搅动令其充分吸附,过滤后沥干即可使用,使用时将此保鲜剂装入有透气性的包装材料中。

将铁粉50克、氯化亚铁30克、碳酸氢钠50克、反丁烯二酸20克、沸石50克(或按此比例配制)充分混合,制取脱氧(二氧化碳发生)剂,脱除氧的同时产生二氧化碳气体,使贮藏环境形成气调贮藏的效果。铁粉是脱除氧气的主剂,碳酸氢钠是产生二氧化碳的主剂。为了充分发挥各自的效力,宜用过50目筛的粉末。用量按密闭容器的体积计算,每升使用8克即能取得理想的效果。

七、湿度调节剂保鲜技术

果蔬贮藏过程中,为保持一定的湿度,通常采取在塑料薄膜包装内施用水分蒸发抑制剂和防结露剂的方法来调节,以达到延长贮藏期的目的。将聚丙烯酸钠包装在透气性的小袋内,与果蔬一起封入塑料薄膜内,当袋内湿度降低时,它能放出水分以调节湿度,使用量一般为果蔬重量的0.06%~2%。此保鲜剂适用于葡萄、桃、李、苹果、梨、柑橘等水果和菜花、蒜薹、青椒、番茄等蔬菜的保鲜。

八、生理活性调节剂保鲜技术

果蔬贮藏中使用的生理活性调节剂可分为3种:生长素类、生长抑制剂类和细胞分裂素类。适当应用生理活性调节剂可抑制果蔬生根、发芽、抽薹和早熟,如抑制发芽的有青鲜素、氯苯胺灵,抑制叶绿素降解、起到防止细胞老化作用的有苄基腺嘌呤、激动素,抑制细胞分裂、诱导种子休眠的有脱落酸,抑制离层形成、防止脱粒脱帮的有 2,4-D。

1. 植物生长素

植物生长素具有阻止果蔬组织衰老、延迟成熟、防止落果等作用。植物生长素主要有萘乙酸、2,4-D 等。萘乙酸类具有延长休眠,抑制块根、鳞茎等贮藏器官发芽的作用。2,4-D 能够促进或抑制果蔬成熟,通过控制药物的浓度可以起到应有的作用。例如用 1000~5000 毫克/千克萘乙酸溶液于胡萝卜采前 4 天喷洒在叶面上,可抑制其贮藏期间发芽。用 50~100 毫克/千克萘乙酸溶液处理花椰菜可减轻失重和脱帮。用 100~500 毫克/千克 2,4-D 溶液于花椰菜采前 1 周喷洒在叶面上,可减少其贮藏时脱帮。采前 1 个月用 50~100 毫克/千克、采后 3 天用 100~250 毫克/千克 2,4-D 溶液处理柑橘能抑制离层形成,保持果蒂新鲜不脱落,抑制各种蒂腐病病变,减少腐烂,延长贮藏寿命。

2. 细胞激动素

细胞激动素又称为"细胞分裂素",可以抑制叶绿素和蛋白质的分解,也可抑制乙烯的生物合成、防止果蔬脱绿和延缓衰老。如用 5~20 毫克/千克的苄基腺嘌呤溶液喷洒或浸渍处理花椰菜、莴苣、萝卜、芹菜、青椒、黄瓜、甘蓝、绿菜花等,能抑制呼吸代谢和叶绿素降解,延缓细胞老化,保持组织内较高的蛋白质水平,可明显延长它们的货架期。赤霉素又名"九二零"、"GA_3",属于双萜类,易溶于有机溶剂如醇、酮、酯等,其剂型为 85% 结晶粉剂,4% 乳油。它能降低蔬菜的呼吸强度,延续呼吸高峰的出现,延迟成熟和衰老。如用 50 毫克/千克浓度的赤霉素浸蒜薹基部 10~30 分钟,可防止蒜薹老化。大量实验表明,赤霉素能抑制叶绿素分解,并与乙烯呈对抗作用。

3. 生长抑制剂

生长抑制剂有青鲜素和矮壮素。青鲜素又名"抑芽丹"、"马来酰肼"。它难溶于水，剂型为25%水溶液。它具有抗生素作用，能破坏植株顶端生长优势，抑制芽和茎的伸长，并能降低光合作用、渗透压和蒸腾作用，提高抗寒能力等。如在采收前喷洒，能抑制胡萝卜、萝卜等贮藏期萌芽，防止白菜贮藏期抽薹等。青鲜素抑芽的作用机理是：青鲜素被叶面吸收，渗透到叶组织中，继而运转到生长点和细胞分裂旺盛部分，阻碍DNA和RNA的合成，因而可抑制细胞分裂和萌芽。叶用莴苣浸矮壮素溶液后，货架期可延长1倍。

九、保鲜包装材料

保鲜包装材料是在普通包装材料的基础上加入保鲜剂或经特殊加工处理，赋予保鲜功能的包装材料。目前，已经开发出来的保鲜包装材料有保鲜包装纸、保鲜箱、保鲜袋等。保鲜包装纸是将长效防腐剂、触媒型乙烯脱除剂充填到造纸原料中或者浸涂在造好的纸上，使其具有保鲜功能。保鲜箱和保鲜纸的原理相同，可将箱体的全部或者一部分进行保鲜处理，亦可将保鲜纸贴在箱体内侧而得到。保鲜袋有硅橡胶窗气调袋、防结露薄膜袋、微孔薄膜袋和混入抗菌剂、乙烯脱除剂、脱氧剂、脱臭剂等制成的塑料薄膜袋。保鲜包装材料由于具有许多优点，是深受用户欢迎的有发展前途的包装材料，近年来被广泛用于果蔬的贮藏保鲜。

十、生物保鲜技术

(1) 生物防治在果蔬保鲜上的应用　生物防治是指利用生物方法降低或防止果蔬采后腐烂损失，通常有以下4种策略：减少病原微生物；预防或消除田间病虫害侵染；钝化伤害侵染；抑制病害的发生和传播。

(2)**利用遗传基因进行保鲜** 通过遗传基因的操作从内部控制果蔬后熟；利用 DNA 的重组和操作技术，来修饰遗传信息；用反 DNA 技术革新来抑制成熟基因的表达，进行基因改良，从而达到延迟果蔬成熟衰败、延长贮藏期的目的。

第五章
典型果蔬贮藏保鲜实用技术

一、典型水果贮藏保鲜实用技术

1.苹果

苹果是我国第一果。苹果的产量高、品种多、供应期长。由于苹果营养丰富,色、香、味俱佳,故多用于鲜食或加工成果脯、果汁等副食品。

(1)苹果的贮藏特性和采收期 苹果属典型呼吸跃变型果品,采收后具有明显的后熟过程,果实内的淀粉会逐渐转化成糖,酸度降低,果实褪绿转黄,硬度降低,充分显现出本品种特有的色泽、风味和香气,达到最佳食用品质。如果继续贮藏,苹果会因果实内营养物质的大量消耗而变得绵软、失脆、少汁,进而衰败、变质、腐烂。

苹果耐低温贮藏,冰点温度一般为 $-3.4 \sim -2.2 ℃$,多数品种贮藏适温为 $-1 \sim 0 ℃$。不同品种苹果的贮藏适温不同,同一品种、不同产区的苹果对低温的敏感性也不同,如红玉苹果的贮藏适温为 $0℃$,国光苹果可在 $-2℃$ 下贮藏,红元帅苹果的贮藏适温为 $-2 \sim -1℃$。气调贮藏适温一般比普通冷藏适温高 $0.5 \sim 1℃$。贮藏苹果的冷库相对湿度应为 $92\% \sim 95\%$。多数冷库需人工洒水、撒雪来加湿,以减少苹果在贮藏期的自然损耗(干耗),以保持果实的鲜度。苹果适宜采用低氧、低二氧化碳气调贮藏,一般苹果气调贮藏适宜的气体条件为:氧浓度2%～3%,二氧化碳浓度0～5%,但不同品种的具体要求不同:黄元帅苹果要求氧浓度为1%～5%,二氧化碳浓度为1%～6%;国光苹果要求氧浓度为2%～6%,二氧化碳浓度为1%～4%;红富士苹果要求氧浓度为2%～7%,二氧化碳浓度为0～2%。

目前我国有苹果品种400多种,只有那些耐藏性强的品种,才能获得良好的保鲜效果。其中常见苹果品种有60多种,按成熟的时间可分为早熟种、中熟种和晚熟种,中熟、晚熟品种比早熟品种耐贮藏;早熟品种如红魁、黄魁、祝光、丹顶等,这类苹果质地松、味多酸、果皮薄、蜡质少,由于早熟品种在7～8月高温季节成熟,呼吸强度大,果实内积累不多的养分很快被消耗掉,所以不耐远运和贮藏。中熟品种如红玉、鸡冠、黄元帅、红星、红冠、倭锦等,多在9月成熟,这类苹果多甜中带酸,肉质较早熟种硬实,因而较早熟品种耐贮运。红玉、黄元帅易失水皱皮,红星、红冠、倭锦果肉易发绵,鸡冠果皮、果肉、果心易褐变,这类苹果通过冷藏可延长贮藏期,气调贮藏保鲜效果更好。晚熟品种如国光、青香蕉、印度、红富士等,多在10月成熟,这类苹果肉质紧实、脆甜稍酸,由于晚熟,果实积累养分较多,最耐长期贮运,冷藏或气调贮藏可保鲜7～8个月。

不同品种苹果在贮藏期所发生的病害也不同。如国光、青香蕉、印度、红玉等易生虎皮病,红玉还易生斑点病,醇露不易发生病害。

苹果的贮藏性能除与品种有关外,还与采收时间的选择有关。采收过早,果实的色泽和风味都不佳,容易失水萎蔫,不耐贮藏,还容易发生病害—如虎皮病、苦痘病、褐心病、二氧化碳伤害等;但采收过晚,易出现裂果,果肉发绵,果实也容易衰老、褐变或发生病害——如水心病、果肉湿褐病等,从而影响苹果的耐藏性。红玉苹果如采收过晚,贮藏时易发生病害,而且对二氧化碳气体更敏感。

苹果适时采收,关系到果实的贮藏期限与品质。一般情况下,在呼吸跃变开始前不久采收的果实较耐贮藏。因此,可用下述3种方法来确定采收期。

①测定苹果内部的乙烯含量。该方法被认为是目前确定苹果采收期最好的方法之一。

②根据各品种果实生长的天数来确定采收期。同一品种的苹果在同一地区,从落花到果实成熟的生长发育天数,在气候条件正常的情况下,各年间的差别很小,因而采收期也大致相同。如山东济南的金帅苹果,每年4月20日前后落花,9月15日前后成熟,生长期为145天左右;重庆青苹4月上旬落花,7月中旬成熟,生长期为100～110天。一般早熟品种的生长期为100天左右,中熟品种为100～145天,晚熟品种为140～175天。

③根据果肉硬度来确定采收期。果肉的硬度与细胞之间原果胶的含量成正比,即原果胶含量越多果肉的硬度越大。随着果实成熟度的提高,原果胶逐渐分解为果胶和果胶酸,细胞之间结合力减弱,果肉的硬度也随之下降。辽宁的国光苹果采收适期的硬度为9千克/厘米^2,烟台青香蕉苹果为8.2千克/厘米^2,四川金冠苹果为7千克/厘米^2。

(2)苹果的贮藏方法

①简易贮藏。简易贮藏是利用自然环境条件来进行沟藏、堆藏、窖藏等。简易贮藏多数在产地进行,操作简便易行,成本低,若遇到某些气候条件适宜的年份,贮藏效果较好。但总的来讲,简易贮藏受自然气候条件影响较大,贮藏期间温度、湿度条件不能有效控制,所以,贮藏期较短,贮藏的果实质量较差,损耗较大,有时甚至会出现不同程度的热烂或冻损。贮藏时应注意,苹果采收后,一般不要直接入沟(窖)或进行堆藏。应先在阴凉通风处散热预冷,白天适当遮阴防晒,夜间揭开覆盖物降温,待霜降后气温降低时再行入贮。贮藏期间应根据外部自然条件的变化,利用通风道、通风口和堆码时留有的空隙,在早晚或夜间进行通风、降温。利用草帘、棉被、秸秆等进行覆盖来保温、防冻。一般苹果可贮藏至第二年3月左右。简易贮藏主要适用于国光、红富士等晚熟苹果,对金冠、金帅等中熟苹果不适宜。

②通风库贮藏。通风库贮藏因贮藏前期环境温度偏高,贮藏中期环境温度又较低,一般也只适合晚熟苹果。苹果入库时就分品种、分等级码垛堆放,堆码时,垛底要垫放枕木(或条石),垛底离地面10～20厘米,在各层筐或几层纸箱间用木板、竹篱笆等衬垫,以减轻垛底的压力,便于苹果码成高垛,防止倒垛。垛要码得牢固整齐,不宜太大,一般垛与墙、垛与垛之间应留出30厘米左右的空隙,垛顶距库顶50厘米以上,垛距门和通风口(道)1.5米以上,以利通风、防冻。贮藏期的主要管理工作是根据库内外温差来通风、排热。贮藏前期,多利用夜间低温来通风、降温。有条件时最好在通风口安装轴流风机和温度自动调控装置,以调节库温,使其尽量符合苹果的贮藏要求。贮藏中期,应减少通风,在垛顶、四周适当增加覆盖物,以免苹果受冻。通风库贮存的苹果在贮藏中期易遭受冻害。贮藏后期,库温会逐步回升,其间还需要每天观测并记录库内温度、湿度,经常检查苹果质量;检测果实的硬度、糖度、自然损耗和病、烂情况。苹果的出库顺序最好是先进的先出。

③冷库贮藏。苹果适宜冷藏,尤其是中熟品种。其中,元帅系苹果应适时早采,金冠苹果应适时晚采。贮藏时最好分品种单库贮藏。苹果采收后应在产地树下挑选、分级、装箱(筐),避免到库内分级、挑选、重新包装。入冷库前应在走廊(也称"穿堂")散热预冷一夜再入库。码垛应注意留有空隙。尽量利用托盘、叉车堆码,以利堆高,增加库容量。一般库内可用堆码面积为冷库面积的70%左右,折算库内实用面积即平均每平方米可堆码贮藏约1吨苹果。冷库的贮藏管理工作主要也是加强温度、湿度调控,一般在库内中部、冷风柜附近和远离冷风柜一端挂置1/5分度值的棒状水银温度表和毛发温湿度表,每天最少观测并记录3次库内温度和湿度。通过制冷系统定期进行供液和循环通风,调控库内温度的波动在1℃左右为宜,最好安装电脑遥测系统,让电脑自动记录库内温度,指导制冷系统及时调节库内温度,力求库内温度稳定、适宜。冷库贮藏苹果时,往往库内相对湿度偏低,所以,应注意及时人工喷水加湿,保持库内相对

湿度为90%～95%。冷库贮藏元帅系统苹果可到春节,金冠苹果可到第二年3～4月,国光、青香蕉、红富士等可到第二年4～5月,仍较新鲜。但若想保持苹果的色泽和硬度,最好使用聚氯乙烯透气薄膜袋来衬箱装果,并加防腐药物,有利于延缓苹果的后熟过程,保持苹果的鲜度,防止苹果腐烂。

④气调贮藏。苹果最适宜气调冷藏,尤其是中熟品种金冠、红星、红玉等,气调贮藏控制其后熟的效果十分明显。国际和国内的气调库基本上都是贮藏金冠苹果用的。气调冷藏的贮藏期比普通冷藏的贮藏期延长约1倍时间,苹果可贮藏至第二年6～7月,仍新鲜如初,可供远运调节淡季或供出口。有条件的地方可建气调库,装置气调机以整库气调贮藏苹果,也可在普通冷库内设置塑料大帐罩封苹果,并安装碳分子筛气调机来调节帐内气体成分。塑料大帐可用0.16毫米左右厚的聚乙烯或无毒聚氯乙烯薄膜做成,一般帐宽1.2～1.4米、长4～5米、高3～4米,每帐可贮藏苹果5～10吨。此外,还可在塑料大帐上开设硅橡胶薄膜窗,自动调节帐内的气体成分,以适合苹果的气调贮藏。一般每吨苹果需开设窗面积为0.4～0.5米^2。因塑料大帐内湿度大,因此,不能用纸箱包装苹果,只能采用木箱或塑料箱装,以免纸箱受潮而引起倒垛。气调贮藏的苹果要求采收后2～3天内完成入贮封帐操作,并及时调节帐内气体成分,使氧浓度降至5%以下,以降低苹果的呼吸强度,控制其后熟过程。一般气调贮藏苹果库(帐)内的温度为0～1℃,相对湿度为95%以上,氧浓度为2%～4%、二氧化碳浓度为3%～5%。气调贮藏苹果应整库(帐)贮藏,整库(帐)出货,中间不便开库(帐)检查,一旦解除气调状态,应尽快调运上市供应。

塑料小包装气调贮藏苹果技术多采用0.04～0.06毫米厚的聚乙烯或无毒聚氯乙烯薄膜作密封包装材料,此法最适合贮藏中熟品种,如金冠、红冠、红星等,一般选择装量20千克左右的薄膜袋,用于衬筐、衬箱。果实采收后,就地分级,入袋封闭,及时入窖(库),最好用冷库贮藏,若没有冷库,则窖温不能高于14℃。入窖初期每2天测一次气,进入低温阶段每旬测气1~2次。入窖后半个月要抽查一次果实品质,以后每月抽查一次。如氧浓度低于2%持续15天以上,或氧浓度低于1%且果实有酒味,应立即开袋。土窖贮藏的苹果应在春季窖温高于4℃前及时出窖上市。

此外,在没有冷藏条件的情况下,还可以利用通风库或一般贮藏场所,采用塑料大帐封贮金冠、红星等品种的苹果。在温度不超过15℃的条件下,入贮初期采用12%~16%的较高浓度的二氧化碳和2%~4%的较低浓度的氧做短时间处理,以后随环境温度的降低,逐渐调低氧和二氧化碳浓度进行气调贮藏,利用入贮初期的高二氧化碳环境抑制苹果后熟,可以达到与直接低温冷藏相同的效果。

2. 梨

梨是我国北方主产的水果之一,栽培量仅次于苹果。梨的品种繁多,以白梨系统和秋子梨系统的脆肉品种较耐贮藏,贮藏方法主要有窖藏、筑畦堆藏、室内贮藏、冷藏和气调贮藏等。

(1) 梨的贮藏特性 温度是梨贮藏保鲜最重要的环境条件,不同品种的梨要求的贮藏温度不同。一般梨贮藏保鲜的适宜温度为-1~2℃,贮藏温度不能过低,温度过低果实会产生冷害。梨的冰点温度为-1.8~3℃,如低于冰点温度,梨就会发生冷害。一般梨的贮藏保鲜温度不得低于0℃,但也不能高于5℃,如果温度长期超过5℃,会加速果实衰老和增加其腐烂率。

湿度也是贮藏梨的重要条件之一。梨在采收后,通过果皮气孔蒸发水分,如失水过多,果皮皱缩,不仅影响外观,也会影响梨的品质。因此,梨在贮藏过程中要求室内空气相对湿度要适宜。一般应保持室内相对湿度为90%~95%,冷库应保持相对湿度为85%~95%。梨在贮藏中的失水程度因品种不同而异。

主要品种梨的耐藏性、贮藏温度与贮藏期见表5-1。

表 5-1　梨的贮藏特性

品种	耐藏性	贮藏温度（℃）	贮藏期（月）	备注
南国梨	较耐贮藏	0～2	1～3	不耐后熟，果肉易变软
京白梨	较耐贮藏	0	3～5	贮藏场所适宜的气体条件：氧浓度为2%～4%，二氧化碳浓度为2%～4%。京白梨对二氧化碳浓度和氧浓度敏感，不适宜气调贮藏
鸭梨	耐贮藏	0～1	5～8	
酥梨	较耐贮藏	0～5	3～5	贮藏场所相对湿度要小于95%，一般以90%为宜
茌梨	较耐贮藏	0～2	3～5	对低温和二氧化碳较敏感
雪花梨	耐贮藏	0～1	5～7	对二氧化碳敏感，可直接放入0℃冷库贮藏
秋白梨	耐贮藏	0～2	6～9	可进行气调贮藏
库尔勒香梨	耐贮藏	0～2	6～8	贮藏场所的相对湿度宜保持在90%左右，可气调贮藏
栖霞香水梨	耐贮藏	0～2	6～8	贮藏场所的相对湿度宜保持在90%～95%
三季梨	耐贮藏	0～1	6～8	贮藏场所的相对湿度宜保持在90%左右，可气调贮藏
苍溪梨	较耐贮藏	0～3	3～5	贮藏场所的相对湿度宜保持在90%～95%
21世纪梨	较耐贮藏	0～2	3～4	可气调贮藏，贮藏场所适宜气体条件：氧浓度为4%～5%，二氧化碳浓度为3%～4%
二宫白	耐贮藏	0～3	1～2	贮藏场所的相对湿度宜保持在90%～95%
巴梨	较耐贮藏	0	2～4	贮藏场所适宜的气体条件：二氧化碳浓度为2%～5%，氧浓度为1%～4%
安久梨	不耐贮藏	-1～2	4～6	可气调贮藏
长把梨	耐贮藏	0～2	4～6	对二氧化碳敏感
蜜梨	耐贮藏	0～1	4～6	贮藏场所的相对湿度宜保持在90%～95%

(2)影响梨耐藏性的因素 影响梨耐藏性的因素有以下几种。

①品种特性。脆肉型品种从果实成熟到完全衰老,果肉始终都是硬的,即使在常温下果肉也不变软,一般较耐贮藏,如鸭梨、雪花梨、黄县长把梨、栖霞香水梨等。以西洋梨为代表的软肉型品种多不耐贮藏。这类品种采收时果肉粗硬,需经后熟使果实变软后才能食用。但果肉变软后很快就会腐烂,只有在冷藏(3~5℃)或气调条件下才能延迟果肉衰老。同是脆肉型品种,果肉较粗、汁液相对少的品种较耐贮藏;有些汁多的品种也耐贮藏,如黄县长把梨、栖霞香水梨、雪花梨等,比鸭梨、锦丰梨耐贮藏。

②成熟程度。采收过早时,果实尚未成熟,糖、酸含量均低,可供呼吸消耗的成分少,所以不耐贮藏;采收过晚时,果肉细胞已趋衰老,果实的衰老进程加快,也不耐贮藏;只有适期采收的梨才能长期贮藏。

③栽培条件。浇水量、施肥量和栽培土壤的质地对梨的耐藏性有重要影响,如过多使用化肥,尤其是过多施氮肥,较少施磷肥、钾肥,会使梨果风味变淡,含糖量降低,耐藏性下降。土壤缺钙会引发鸭梨黑心病。病虫防治不及时,如锥纹病菌侵染果实后,可长期潜伏,若不及时防治,果实一旦进入贮藏期就会迅速发病而腐烂。留有伤口的果实,贮藏时易受青霉菌侵染,也会发生腐烂。所以,加强病虫防治是提高梨耐藏性的重要措施。

另外,贮藏过程中管理技术的合理应用也与梨的耐藏性有关。果实的预冷程度,贮藏初期的降温速度,库中的湿度调节和通风换气等,都会影响果实的耐藏性。

(3)梨的贮藏保鲜技术

①窖藏法。梨的产地贮藏多采用窖藏。将适时采收的梨分等分级,剔除病伤果,用纸将单果包装后装入纸箱或筐中。由于梨采收时外界温度尚高,故一般不直接入窖,先在窖外背阴处预贮,因为此时

的昼夜温差大,所以外界气温下降较窖温快。预贮时白天要在货堆上覆盖遮阴,防止暴晒,晚上打开覆盖物放风,使梨很快降温。当果温和窖温都接近0℃时才可入窖。入窖时须将不同等级的梨分别堆放,一般不再进行挑选。梨在窖中堆码时,堆间、箱间及堆的四周都要留有通风间隙。产品入库前期的主要管理工作是控制通风,导入库外冷凉空气,排除库内热空气,降低库内温度。促使产品尽快降温,必要时还可打开库门以增加空气流量。贮藏中期则以防冻保温为主要管理工作。这一时期的管理要特别注意防寒保温,在关闭通风系统的同时,适当更换库内空气,注意只能在白天库外气温高于冻结温度时,打开通气口作适当的通风换气。当春季来临,库外气温和土温逐渐上升,库内已难以维持低温环境时,再开启进、出气口,引入冷空气调节库内温度,通风仍选在外界气温低于库内温度时进行。当外界气温进一步升高,夜间温度也难以调节到适宜的贮藏低温时,应当及时将产品出库销售。

②筑畦堆藏法。此法适用于苹果中的国光、红富士、新乔纳金等品种及梨中苹果梨、白梨、栖霞香水梨等品种的贮藏。在梨采收以前,选择通风良好、阴凉干燥、水位低的果树行间,沿南北方向筑畦,畦宽1.5~2米,畦长随贮藏量而定。使畦面高出地面约10厘米,中央略高,两侧略低,四周培成高约15厘米的畦埂。畦面铺上一层厚5~10厘米的细沙。畦埂四角及两个长边,每隔750毫米左右钉一根木柱,柱高750毫米左右,其中一半插入土中,在木柱内侧沿畦埂四边竖立用高粱、玉米秸秆或荆条编成的帘子,帘内紧贴两层完整的牛皮纸,纸间的接头处要相互压边搭接。果实采收后,于通风阴凉的树间进行预贮,霜降后入畦贮藏。贮藏时先在畦面的干沙土上喷一次水,挑除有碰压、刺伤、病虫害的果实,将完好的果实逐层摆放。摆放时要轻拿轻放,以免碰压、刺伤梨果,使梨在贮藏时发生腐烂。梨堆顶部摆成小圆弧形,四周与畦穴同高,中堆顶垂直高70~80厘米。果实摆好后,随即用2~4层牛皮纸盖好封严,再横盖一层草帘。为

了加强内部通风,常在果畦中竖立一定量的通气把。通气把的长度稍高于梨堆顶部,每 3 米左右长的畦面竖立一个通气把。当外界温度大于 0℃时要注意利用夜间的低温,即白天覆盖草帘和牛皮纸,夜间打开遮盖物。当外界温度低于 0℃时要加强保温防寒措施,即在梨堆上再覆盖一层干草或者牛皮纸。当外界温度持续降低时,要增加覆盖物,并且可沿果畦周围培土。在整个贮存期间要保证梨堆内的温度为 -1～1℃。

③室内贮藏法。室内贮藏法是莱阳农民普遍采用的一种方法。利用此方法贮藏莱阳茌梨 4～5 个月,梨皮鲜绿、果肉无变色现象。果实采收前喷洒大量波尔多液(1:3:200)。果实采收后挑选无病虫、无机械伤的果实放入果筐或箱中,果筐或箱内衬有 0.06～0.07 毫米厚的聚乙烯保鲜袋,袋内按果实重量的 5%加入生石灰,石灰用纸包成几个小包,分别放在果筐或箱的不同地方。在 10 月中下旬,当外界气温降低时,将在阴凉通风处预冷的莱阳茌梨移到空闲屋内。入室后如果室内温度白天较室外低,夜间较室外高,则白天宜在门窗上挂布帘,晚上应把门帘全部打开,以充分利用外界低温与室内温度形成对流,降低室内温度。当外界气温低于 0℃时,窗户要密封,气温更低时,门上需吊棉门帘,以保持室内温度。室内温度以 0℃左右为宜。果实贮藏过程中要经常打开袋口通风。

④冷库贮藏法。梨可进行冷库贮藏。在冷库贮藏过程中要注意冷害的发生。鸭梨、雪花梨、长把梨采后不能像苹果那样直接入 0℃左右的冷库内冷藏,否则梨黑心严重。梨一般在 10℃以上入库,每周将库温度降低 1℃,待库内温度降至 8℃以后,每 3 天降低 1℃,直至降到 0℃左右。这一段时间需要 30～50 天。在冷藏条件下,要结合气调贮藏。气调贮藏可用气调帐或塑料薄膜小包装进行。特别要注意的是,鸭梨、莱阳梨、长把梨、雪花梨在较低的二氧化碳浓度下就会发生中毒现象,症状表现为果肉、果心变褐。因此要选择二氧化碳浓度小于 1%或无二氧化碳的贮藏条件,可以通过在袋或帐中加入生石

灰或经常放风的方法来达到要求。

⑤气调贮藏法。气调贮藏可以推迟梨果肉、果心变褐的时间,推迟梨的褪绿,保持梨的脆性和风味。气调贮藏除可采用大帐和塑料袋小包装的简易气调贮藏外,还可利用气调库、气调机进行贮藏。梨的气调贮藏方法与苹果相似,不同之处是必须严格控制二氧化碳浓度,使二氧化碳浓度控制在最低限度。比如鸭梨的气调保鲜,先将鸭梨装入果箱内,在箱内衬以 0.06 毫米厚的聚乙烯薄膜袋,果实装入后再密封。这样梨的呼吸作用消耗了袋内的氧,同时二氧化碳浓度增加,形成低氧高二氧化碳环境,从而抑制了果实的呼吸作用和其他代谢作用。鸭梨气调贮藏环境中,要求氧和二氧化碳的浓度在适当的范围之内,而且鸭梨对二氧化碳浓度的变化极为敏感,当二氧化碳浓度在 1% 以下时,鸭梨贮藏 84 天后,黑心率为 5%,随着二氧化碳浓度的增加,果皮颜色由黄逐渐变绿,果肉由白逐渐变褐;当二氧化碳浓度超过 2% 时,鸭梨的黑心率达 100%,所以,鸭梨的气调贮藏中,要严格控制薄膜内的二氧化碳浓度。控制二氧化碳浓度的方法是在袋中放置适量的脱氧剂、活性炭、吸附剂和氢氧化钙,以吸附二氧化碳。

(4)梨在贮藏中的生理病害

①鸭梨黑心病。黑心病除在鸭梨贮藏期间发生外,也在雪花梨、长把梨等贮藏期间发生。鸭梨的黑心病有 2 种,一种是贮藏前期由于降温过快造成低温伤害而使果肉发生黑心,另一种则是贮藏后期由于果肉衰老引起的黑心病。0℃ 以下低温引起的黑心病多发生在梨入贮 30~50 天,果心发生不同程度的褐变,但果肉仍为白色,果皮保持青绿色或黄绿色,不影响梨的外观。由衰老引起的黑心病多在贮藏到第二年 2~3 月时发生,果心变褐,果皮色泽暗黄,果肉松散,严重时部分果肉也变褐并有酒精味。雪花梨贮藏后期会发生红肉和糠心,莱阳梨在贮藏后期果肉也易发生褐变。

②二氧化碳伤害。鸭梨对高二氧化碳浓度环境很敏感,当二氧

化碳浓度超过1%时就会发生二氧化碳伤害,产生黑心或果肉空洞。

3.桃、李、杏

桃、李、杏果实中都含有硬核,同属于核果类水果,在果实发育及采后生理方面有着共同的特点。正是因为这些果实中含有硬核,所以生长时出现双S形的生长曲线。桃、李、杏果实的呼吸强度大,都有呼吸高峰,所以同属呼吸跃变型果实,这决定了它们有着基本相似的贮运保鲜技术措施。但由于树种和品种不同,所采用的贮运保鲜技术也有区别。桃、李一般分早熟、中熟和晚熟品种,且早熟与晚熟品种相差很大。早熟的山东春蕾桃在5月上旬即可成熟,而晚熟的冬桃则在11月才成熟。早熟的李于6月初成熟,晚熟的黑李—黑宝石则在10月底成熟。但桃和李的其他优良品种的成熟期则相对集中于7~8月。杏的早熟与晚熟品种成熟期相差时间比较短,成熟期相对集中,所以不可避免会出现"旺季烂、淡季断"的现象,这就要求提高各类品种的贮运保鲜技术水平,以延长水果的市场供应期,增加果农的收入。

(1)桃、李、杏的贮藏特性

桃:适宜贮温:3~5℃;相对湿度:90%~95%;气调指标:氧浓度为3%~9%,二氧化碳浓度为1%~5%;贮藏期:2~6周。

李:适宜贮温:0~1℃;相对湿度:85%~90%;气调指标:氧浓度为3%~5%,二氧化碳浓度为5%左右;贮藏期:2~4周。

杏:适宜贮温:0~1℃;相对湿度:90%~95%;气调指标:氧浓度为2%~3%,二氧化碳浓度为2.5%~3%;贮藏期:1~3周。

桃、李、杏适宜的贮藏温度为0~1℃,但长期在0℃以下温度贮藏易发生冷害。目前控制冷害有以下几种方法。一种方法是间隙加温法,即将桃先放在-0.5~0℃下贮藏15天左右,之后升温到约18℃贮藏2天左右,再转入低温贮藏,如此反复进行。另一种方法是用两种温度处理采后的果实,即先在0℃左右贮约2周,再在5℃

左右条件下贮藏。为了防止桃产生冷害,在0℃条件下须控制氧浓度为1%、二氧化碳浓度为5%。气调贮藏期间,每隔3周或6周左右对气调桃进行一次升温,然后恢复到0℃左右,在0℃条件下贮藏9周后出库,并在18~20℃条件下放置使果实熟化,然后出售。采用这种方法贮藏的果实寿命比一般冷藏方法延长2~3倍。间隙加温可降低桃的呼吸强度,使其乙烯释放量降低并减轻冷害,同时温度升高也有利于其他有害气体的挥发和代谢。据研究表明,桃在3~4℃是冷害发生的高峰,近0℃其所受冷害反而少。发生冷害的桃果实细胞皆加厚,果实糠化、风味淡,果肉硬化,果肉或维管束褐变,桃核开裂,有的品种受冷害后发苦或有异味产生,但不同品种的冷害症状不同。

贮藏桃、李、杏时,库内的相对湿度应控制在90%~95%。湿度过高,易引起腐烂,加重冷害的症状;湿度过低,会引起果实过度失水、失重,影响其商品性,从而造成经济损失。桃果实表面布满绒毛,绒毛大部分与表皮气孔或皮孔相通,这使桃的蒸发表面增加了十几倍乃至上百倍,因而桃采后在裸露条件下失水十分迅速。一般在相对湿度为70%、温度为20℃条件下,裸放7~10天,果实的失水率会超过50%。失水后的果实皱缩、软化,严重者失去商品价值。

桃在氧浓度为1%、二氧化碳浓度为5%的气体条件下,可加倍延长贮藏期(温湿度等其他条件相同的情况下)。桃果实对二氧化碳浓度很敏感,当二氧化碳浓度高于5%时就会发生二氧化碳伤害。二氧化碳伤害的症状为果皮出现褐斑、溃烂,果肉及维管束褐变,果实汁液少,果肉生硬,风味异常,因此,在贮藏过程中要注意保持适宜的气体组成。李的气体条件以氧浓度为3%~5%、二氧化碳浓度为5%左右为宜。但一般认为李对二氧化碳浓度极敏感,长期高二氧化碳浓度会使果顶开裂率增加。杏的气调贮藏最适宜的气体组成是氧浓度为2%~3%、二氧化碳浓度为2%~3%。

(2)桃、李、杏贮藏前措施

①贮藏品种选择。桃、李、杏不同品种间的耐藏性差异很大。一

般早熟品种不耐贮运,如水蜜桃和五月鲜。中晚熟品种的耐贮运性较好,如肥城桃、青州蜜桃、陕西冬桃等较耐贮运,大久保、冈山白、燕红等品种也有较好的耐贮运性。离核品种、软溶质品种等的耐贮运性差。李、杏的耐贮运性与桃类似,如牛心李、河北冰糖李等品种,品质好且耐贮运。

②采前技术措施。采前所采取的技术措施对桃、李、杏的耐藏性影响很大。桃、李、杏在贮藏过程中易感染微生物而发生腐烂,这是桃、李、杏难以长期贮藏的主要原因之一。造成果实腐烂的病菌主要有3种,即褐腐病菌、软腐病菌、根腐病菌。果实多在田间就已被软腐病菌和根腐病菌侵染,病菌通过虫伤、皮孔等侵入果实,在贮运条件适宜时即大量生长繁殖,并感染附近的果实,造成果实大量腐烂。因此,在果实生长期间,加强病虫害的防治可以减少贮藏中腐烂的发生。具体做法是:在植株发芽前喷波美5度石硫合剂,落花后半个月至6月期间,每隔半个月喷一次500倍65%代森锌可湿性粉剂或波美0.3度石硫合剂,均可防止这两种病的发生。施肥时要注意氮肥、磷肥和钾肥的合理搭配,氮肥过多果实品质差,耐贮运性也差。多施有机肥的果园,果实的耐贮运性好。果实采前7~10天要停止灌水,用于贮运的果实采前不能喷乙烯。

影响桃、李、杏贮藏效果的因素很多,如地域、气候等。果实采收的时间是影响果实贮藏期间产量、品质和贮藏寿命的主要因素之一。若果实采摘过早,会降低其后熟后的风味,且果实易受冷害;采摘过晚,果实过于柔软,易受机械伤,容易腐烂,难于贮藏。因此,必须选择适宜的采收时间,让果实既能生长充分,也能保持果实肉质紧密,这是延长贮藏寿命的关键措施。

(3)桃、李、杏的采收　果实的采收是将农产品转化为商品的第一步,也是果实贮藏较为关键的一步。其中,采收的成熟度相当重要,用于不同目的的果实采收成熟度不同,短期贮藏要求果实成熟度高,长期贮藏要求果实成熟度低。不同品种有各自不同的采收成熟度要求。

①桃采收时的注意事项。不同成熟度的桃有不同的采收注意事项。七成熟的桃果实已充分发育,底色为绿色,但茸毛多且厚;八成熟的桃底色变淡、发白,果实丰满,茸毛稍稀,果实仍稍硬,但已有些弹性;九成熟的桃果皮呈乳白色或浅黄色,茸毛稀,弹性大,有芳香味;十成熟的桃果皮已完全显示出其特有的皮色,茸毛稀且易脱落。桃的果肉因品种不同而有各种表现,软溶质品种的桃果肉柔软多汁,果皮易剥离,不耐贮藏。硬肉型桃会变绵,不溶质桃则仍富有弹性。用于鲜食的桃应在其八九成熟时采收;贮藏用的桃,可稍早些采收,一般在七八成熟时采收;十成熟的桃不能用作贮藏,必须就近销售。桃应于早、晚冷凉时采收,采收时应轻采轻放,防止机械伤。不准用手压果面,不能粗暴强拉果实,应带果柄采收。一般每个容器(箱、筐)桃重量不超过5千克,太多易挤压果实,引起果实机械伤。

②李采收时的注意事项。李的品种以中国李为多。中国李果柄粗、短,成熟时一般产生离层,要带果柄采收。李果的果粉多,采收时应尽量避免多次操作,以减少果粉的损失,有利于贮藏保鲜。贮藏用李必须适时早采,以七八成熟为宜。采收李果也应在早、晚冷凉无露水时进行,采后不能淋雨,以免引起果实腐烂。

③杏采收时的注意事项。杏的成熟期相对集中,完熟后几乎不能存放和运输,所以必须根据用途不同,适当早采。杏必须带果柄采收。为了防止贮运时果柄脱落,可在采收果实前喷钙溶液,也可在采收果实后浸钙溶液。常用的钙盐是氯化钙,溶液浓度为$1\%\sim8\%$,浸果的时间为$5\sim60$分钟。浸果的浓度和时间必须配合好,浓度大浸果时间可稍短,浓度小可延长浸果时间。杏的包装量应控制在$2\sim2.5$千克以内,并在包装物上留有通气孔。

(4)桃、李、杏的采后处理

①挑选。剔除受病虫侵染的产品和有机械伤的产品。因为受伤产品极易感染病菌并发生腐烂,同时感病产品又会散发大量病菌,传

染给周围健康的产品,因此,必须进行挑选。

挑选一般采用人工方法。量少时,可用转换包装的方式进行;量多而且处理时间较短时,可用专用传送带人工挑选。操作人员必须戴手套,挑选过程要轻拿轻放,以免造成新的机械伤。一般挑选过程常常与分级、包装等过程相结合,以节省人力,降低生产成本。

②预冷。预冷的目的是迅速降低果实的温度,以降低果实呼吸强度,减少养分的消耗,同时使果实温度能够尽快地达到贮运最适温度,以利于及早地运用塑料薄膜包装果实并进行气调贮藏,使果实不易结露。如果果实的温度高,而库温低,相差在3℃以上时,果实易结露,结露易使果实产生腐烂。下面介绍几种常见的预冷方法:风冷法、冰冷法、水冷法、真空预冷法。风冷法采用机械制冷系统的冷风机循环冷空气,借助热传导与蒸发潜热来冷却果实。风冷时,果实与冷风的接触面积越大,冷却速度越快;风速越大,降温速度越快。冰冷法是将冰直接与果实接触,可使果实降温。融化千克冰可从果实内部吸收约335千焦的热量,并且冰对热的传导率比水和空气都大,而利用碎冰块降温可增大冰与果实的接触面积,提高冷却的速度。水冷法,又叫"冰水冷却法",这是由于用水冷却果实时常加碎冰或用制冰机使水冷却的缘故。简易水冷法是将果实浸渍在冷水中进行降温,如果冷水是静止的,其冷却效率低,一般用流水,采取漂荡、喷淋或浸喷相结合的办法,效果较好。真空预冷是将果实放到真空预冷室抽真空,在减压条件下,使果实表面的水分迅速蒸发,吸收大量的热而使果实冷却下来。

桃、李、杏预冷一般以风冷法、水冷法为佳。水冷时可用0℃水,在水中可以加入一定浓度的真菌杀菌剂,至果实冷却至0℃后沥去水分。真空预冷法不适宜对桃进行预冷。贮藏用桃、李、杏的预冷温度以0℃左右为宜,温度不能过低,以免引起果实的冷害。

③防腐保鲜处理。桃、李、杏在贮藏过程中易腐烂,低温和气调贮藏可抑制其病害的发生。低温和气调外加防腐保鲜剂贮藏果品的

效果更佳。

(5) 桃、李、杏的贮藏方法 桃、李、杏是较不耐贮藏的水果,一般以短期贮藏、调节市场供需为目的。所以,最好采用机械冷藏库(或10℃冷凉库)进行贮藏,这样能够稳定维持较适宜的贮藏温湿度。目前的贮藏方法有冰窖、冷库、气调和减压贮藏。

①冰窖贮藏。桃、李、杏采收预冷后,应马上放入冰窖中贮藏。桃应用筐或木箱盛装。存放时隔一层筐放一层木箱。保持冰窖中的温度为-0.5~1℃。果品贮藏至立冬后转入普通窖贮藏,该法可贮藏果实2~3个月。

②减压贮藏。减压贮藏可以抑制果蔬的呼吸作用和乙烯的合成,减少果实生理病害的发生,明显延长桃果实的贮藏寿命。据国外资料报道,桃、杏在13.6千帕大气压、温度为0℃条件下贮藏时,贮藏期分别为93天和90天。

(6) 桃、李、杏贮藏技术要点

①果实采收前要对库房进行消毒,消毒剂以CT-高效库房消毒剂为佳。

②选择耐藏性好的晚熟品种进行贮藏。

③果实应在七八成熟时采收。采收过早则果实风味较淡,采收过晚则果实易软化腐烂。

④采收时要选择在晴天、无露水的早上或下午进行。

⑤采后应立即对果实进行预冷,消除田间热,挑出病果、机械伤果,包装后贮藏。

⑥贮藏过程中保持库温稳定,库温应保持在0~1℃,相对湿度为90%~95%,二氧化碳浓度要小于5%。

(7) 桃、李、杏贮藏中的主要问题与解决方法 桃、李、杏在贮藏中常发生的问题有过熟软化、病菌引起的腐烂和冷害引起的内部褐变与风味变淡等。

①过熟软化。桃、李、杏的过熟软化的主要原因是采收过迟,果

第五章 典型果蔬贮藏保鲜实用技术

实过于成熟,次要原因是采收季节气温较高,未能及时对果实进行预冷或未迅速将果实放入冷库降温贮藏,果实很快后熟软化。如桃采收时的硬度约为 6.58 千克/厘米^2,在 21.3℃ 条件下经 2 天左右即可降到 2.1 千克/厘米^2;而在 4.5℃ 条件下经 14 天才降到上述硬度,在 0℃ 条件下贮藏时硬度基本无变化(14 天内)。

防止桃、李、杏过熟软化的主要措施:

• 选择适宜的采收时间,多选择七八成熟的果实进行贮藏。采用垫衬软物(如草、树叶和纸等)的筐装或有衬格的箱装(10～15 千克/箱),以减少果实的挤压。

• 及时预冷。可采用冷风冷却(强风冷却),或用 0.5～1℃ 的冷水冷却,后一种方法冷却快,且可以减少失重,然后将果实贮藏于冷库中。

• 尽快入库,并将果实温度降至适宜的贮藏温度(0～1℃),这是防止果实过熟软化最有效的方法。

②腐烂。桃、李、杏在贮藏期间发生的大量腐烂,主要是由病原微生物引起的。主要病原微生物有褐腐病菌、腐败病菌和根霉腐烂病菌,它们主要在田间侵害果实,通过虫伤、皮孔等侵入果实,在适宜环境条件下即开始大量繁殖。贮藏期病果与健康果接触,也可使健康果腐烂。软腐病菌主要通过伤口侵入成熟果实,或通过接触进行传染。现将各种病害的防治方法归结如下:

• 加强果园管理。冬季清园,整形修剪,使树体通风透光。消灭田间、包装房和包装容器中的有害病菌。在果实生长期间喷药保护,发芽前喷波美 5 度石硫合剂,落花后半个月至当年 6 月,每隔半个月喷一次 65% 代森锌可湿性粉剂 500 倍液或波美 0.3 度石硫合剂。

• 采收、分级包装和贮运等一系列操作,尽量避免造成果实的机械伤,严格控制果实的质量。

• 在果园(产地)预冷或及时将果实存入冷库,迅速将果实温度降至4.5℃ 以下。软腐病菌在 3℃ 以下便不能生长,这是防治褐腐病和软腐病最有效的方法。

• 用杀菌剂浸果处理。一般采用 100~1000 毫克/千克的苯莱特和 450~900 毫克/千克的二氯硝基苯胺混合药液浸果(前者防褐腐病,后者防软腐病)。

• 热水浸果。将果实放在 52~53.8℃热水中浸泡 2~2.5 分钟,或用 46℃热水浸果 5 分钟左右,可杀死病菌孢子,阻止初期侵染的发展。

• 应用 AF-Z 保鲜纸单果包装,可防腐保鲜。

③冷害。由于桃、李、杏果实生长期间气温较高,果实对低温有较强的敏感性,极易产生冷害,在 -1℃ 以下就会引起冻害。因此,在贮藏桃、李、杏时,一定要注意冷库的温度管理。一般在 0℃左右贮藏 3~4 周,桃、李、杏果实易发生内部褐变,逐渐向外蔓延,原有风味丧失。生产上有以下几种措施可防止或减轻果实褐变。

• 间歇变温贮藏:果实在 -0.5~0℃贮藏约 2 周,升至 18℃后贮藏 2 天,再转入低温下贮藏,如此反复。

• 气调贮藏:果实在 0℃左右、氧浓度为 3%左右、二氧化碳浓度为 5%左右的气调条件下贮藏能减轻褐变的发生。若结合间歇变温的方法,可获得更好的效果。

• 两种温度贮藏:果实先在 0℃贮藏 2 周左右,再在 5℃(4.5~8℃)或 7~18℃下贮藏。也可以在 0℃下贮藏 2~3 周后,采用逐渐升温的方法贮藏。

桃、李、杏贮藏寿命的最大限制因素是冷害引起的果肉褐变与风味变淡。所以,生产者在进行果实的贮藏时,一定要加强对贮藏过程中果实变化的检查工作,以便及时发现并处理冷害。

4. 葡萄

优质鲜食葡萄贮藏与保鲜技术是一项配套工程技术,只有配合栽培管理、病虫害防治等多项技术措施,才能取得良好的贮藏保鲜效果。首先要选出穗粒整齐、美观、含糖量高、充分成熟、没有病虫害的精品葡萄,才有贮藏保鲜的价值,才能在市场上形式竞争力。但是,有了优质葡萄而没有先进的贮藏保鲜条件与技术保证,则葡萄的贮藏保鲜也难以成功。

(1)栽培管理对葡萄贮藏的影响

①选择耐贮藏的品种进行栽培。葡萄因品种不同耐藏性有很大差异。果皮厚、果面覆盖蜡质果粉、含糖量较高的品种较耐贮藏。如硬肉型葡萄品种较软肉型葡萄品种耐贮藏,果粒大、果皮厚、果皮上蜡被厚的品种比果粒小、果皮薄、果皮上的蜡被薄的品种耐贮藏,如巨峰比全球红较耐贮藏。就葡萄种群来说,一般欧亚种较美洲种耐贮藏,欧亚种里东方品种较耐贮藏,我国产的龙眼、牛奶等葡萄品种都较耐贮藏。

②加强肥水管理。葡萄宜在沙壤土中栽培,需以有机肥作基肥,并进行追肥,可使果实着色早,含糖量高,耐贮藏;若栽培土壤灌水过多或排水不畅,追施无机氮肥,则果实着色晚,含糖量低,不耐贮藏。

③适时摘心,合理留果。一般品种均于开花前3~5天在果穗上留6~7片叶子摘心,以控制其营养,提高坐果率,保持合理叶果比,1千克果实要有25~40片正常叶子供给营养。以每平方米架面留新梢量计算,长势中等的玫瑰香、黑汉等品种,每平方米架面留新梢20个左右;长势强的龙眼、巨峰等品种,每平方米架面留新梢12~15个。将葡萄单产量控制在22500~30000千克/公顷,才能连年高产、稳产。总之,加强葡萄的栽培管理,增强其树势,可提高当年的果实产量和品质,同时也可加强果实的耐藏性。

④选择适宜的采收时期。采收是葡萄生产中一个重要的环节,采收时期又是决定葡萄品质好坏的关键。葡萄是没有后熟过程的水果,首先要根据用途适时采收。鲜食品种要根据市场需求决定采收时期。市场供应的鲜果大多果实色泽鲜艳、糖酸比适宜、口感好、有弹性、耐贮运。一般成熟后不落粒的品种,采收越晚耐藏性越好,如

龙眼、牛奶等品种。葡萄的采收指标除色泽、香气、风味外,还包括果实的含糖量。一般果实含糖量为16%～19%,含酸量为0.6%～0.8%,并要求采前2周不灌水,这时采收的果实方能用于长期贮藏。酿酒用的品种,因不同酒种对原料的糖、酸、pH等要求不同,故其采收期也不同。酿制白兰地酒,要求葡萄含糖16%～20%,含酸8～10克/升;香槟酒要求葡萄含糖18%～20%,含酸9～11克/升;甜葡萄酒要求葡萄含糖不低于20%,含酸5～6克/升。葡萄制汁要求葡萄含糖达20%以上,含酸较少,故应在果实充分成熟后采收。

(2)葡萄的采收与包装方法 首先按园内葡萄产量,准备人工、工具、包装材料及运力。选择晴朗无风天气,待露水干后进行。采前遇雨或浇水,则推迟1周再采收,选择果粒及果穗大小一致、上色均匀的成熟果穗,剔除病、伤、残果,为防止病菌进入贮藏库,应在采前对葡萄喷施1次杀菌剂。采时用剪刀剪取果穗,对其进行修剪,然后将果穗平放在衬有3～4层纸的箱或筐中。容器要浅而小,以能放5～10千克果实为度,果穗装满后盖纸预冷。葡萄怕压又怕挤,要求分2次包装。一般1～2千克果实装入一个硬质小盒,然后将20～40个小盒装入大的硬质运输周转箱。小盒要注明葡萄的品种和重量,贴有产地的标志。装箱要注意食品卫生,保证浆果无污染,不破碎,不失水。将穗大、粒大、整齐、着色好的浆果一层层地装入一等果箱,在箱角上放1～2片防腐保鲜药片,运往市场供鲜食销售或贮藏;穗小、果粒大小不整齐、色泽一般的浆果,装入二等果箱,也可运往市场供鲜食销售或作为酿制高级甜葡萄酒的原料;剩下的除病果外,均可作为酿造一般葡萄酒的原料。果箱要有通气孔,木箱底下及四壁都要衬瓦楞纸,将果穗一层层、一穗穗挨紧摆实,以不窜动为度,上盖一层油光薄纸,纸上覆盖少量纸条,将果箱盖紧封严,以保证远途运输安全。

注意下列葡萄不能入贮:

①成熟不充分的、含糖量低于14%的葡萄,有软尖或水罐病的葡萄。

②采前灌水或遇大雨采摘的葡萄。

③霜霉病及其他果穗病发病较重的葡萄。

④烂果、青果、大小粒严重的果穗。

⑤遭受霜冻、水涝、冰雹等自然灾害的葡萄。

(3) 葡萄贮藏的适宜条件 葡萄果实贮藏的适宜条件:温度为 0~3℃,湿度为 85%~95%,氧浓度为 2%~4%,二氧化碳浓度为 3%~5%。低温可降低果实的呼吸强度,抑制微生物的活动,高湿能防止果实脱水萎蔫,有利于长期保持葡萄果实的新鲜状态。

(4) 葡萄贮前处理

①药物处理。果实经二氧化硫处理后可防止其在贮藏过程中受真菌侵染而引起腐烂。具体方法有下列 3 种:重亚硫酸盐释放法、硫黄燃烧法、二氧化硫气体法。重亚硫酸盐释放法:按葡萄重量的0.3% 和 0.6%分别称取亚硫酸氢钠和无水硅胶,二者充分混合后,分装于若干个小纸袋内,然后分散放置,以后每隔 1.5 个月左右换一次药袋。硫黄燃烧法:把包装好的葡萄堆成垛,罩上塑料薄膜,每立方米的空间使用 2~3 克硫黄充分燃烧,熏 20~30 分钟,然后开罩通风,15 天后再熏 1 次,以后每隔 1~2 个月熏 1 次。二氧化硫气体法:将葡萄装箱垛好后,罩上塑料薄膜,充入二氧化硫气体,二氧化硫的体积占罩内体积的 0.5%左右,熏 20~30 分钟,然后开罩通风,二氧化硫的浓度可降到 0.1%~0.2%,以后每隔 15 天左右熏蒸 1 次。

②一般库房消毒。用1%福尔马林、1.5%~2%氢氧化钠溶液或配后放置一昼夜的 10%漂白粉溶液喷洒消毒。或者在入库前 1 周左右用 0.5%高锰酸钾溶液将库房天花板四周及地面消毒 1 遍,入库前 3 天在平均可贮藏 20 吨葡萄的库房放入硫黄 2 千克进行熏蒸。熏蒸后密闭一昼夜,然后打开门和排气孔,驱除二氧化硫气体。

(5) 葡萄的贮藏保鲜技术

①塑料袋小包装低温贮藏保鲜法。我国可庭院栽培的葡萄品种

较多,要选择晚熟耐贮品种,如龙眼、甲斐路、玫瑰香等,在9月下旬至10月上旬天气转冷时,选择充分成熟、无病、无伤的葡萄果穗,立即装入宽约30厘米、长约10厘米、厚约0.05厘米的无毒塑料袋中(或用大食品袋),每袋装2~2.5千克葡萄,扎严袋口,轻轻放在底上垫有碎纸或泡沫塑料的硬纸箱或浅篓中,每箱只摆一层装满葡萄的小袋。然后将木箱移入暖屋或菜窖中,室温或窖温以0~3℃为好。发现袋内有发霉的果粒时,立即打开包装袋,提起葡萄穗轴,剪除发霉的果粒,晾晒2~3小时再装入袋中。葡萄要在近期食用,不能长期贮藏。用此方法贮藏龙眼、玫瑰香等品种,可以保鲜到春节。

②葡萄沟藏保鲜法。在气候寒冷的北方省份,选用晚熟耐贮葡萄品种,在果实充分成熟时采收,将整理完的葡萄果穗放入垫有瓦楞纸或塑料泡沫的果箱或浅篓中,每箱放20~25千克果穗,摆2~3层。先将装好的果箱或果篓放在通风阴凉处预冷10天左右,降低果实温度和呼吸热,以便贮藏。选择地势稍高而干燥的地方按南北向挖沟,沟宽约100厘米,深100~120厘米,沟长按葡萄贮量而定。沟底铺5~10厘米的净河沙,将预冷过的葡萄果穗集中排放于沟底细沙上,一般摆放2~3层,摆得稍紧些以不挤坏果粒为度。约在霜降后,昼夜温差大时入沟,沟顶上架木杆,白天盖草席,夜晚揭开。在沟温为3~5℃时,使沟内湿度达80%左右。白天沟温在1~2℃时,白天和夜晚均盖草席。白天沟温降至0℃时,贮藏沟上要盖草席以保温防冻。总之,沟里温度要控制在0~3℃,湿度要控制在85%左右。

③葡萄窖藏保鲜法。山西、河北、新疆、辽宁等地群众创造了许多新的贮藏方法,均收到较好的效果。例如,辽宁锦州市太和区种畜场设计的永久式地下式通风贮藏窖,颇为经济实用。窖长约5米、宽约2.2米、深约2.2米,窖的四壁用石头或砖砌成,不勾缝,以增加窖内湿度。窖顶用钢筋混凝土槽形板,其上覆土80~100厘米,以利于保温隔热。窖内左右设立两排水泥柱,既作为水泥板顶柱,又作为挂藏葡萄的骨干架。窖中间留约60厘米宽的通道,水泥柱上设6层横

第五章 典型果蔬贮藏保鲜实用技术

杆,每层间隔 30 厘米左右,在横杆上拉 5 道 8 号钢丝,一般 5 米长的钢丝可吊挂 50 千克葡萄,全窖可贮藏约 3000 千克葡萄。窖的四角各设一个约 25 厘米^2 的进气孔,一直通到窖底约 20 厘米深的通风道。窖门设在顶盖的中央,约 60 厘米^2,除供人出入用外,还用作排气孔道。葡萄采收时穗梗上剪留一段 5~8 厘米的结果枝,以便用于挂果穗。在 10 月中旬入窖,立即用硫黄粉燃烧熏蒸约 60 分钟,硫黄粉用量约为 4 克/米^3,以后每隔 10 天左右熏蒸 1 次,每次熏 30~60 分钟。1 个月后,待窖温降至 0℃左右时,要间隔 1 个月熏 1 次,窖内保持相对湿度在 90%~92%。用此法贮藏龙眼葡萄,可以保鲜到次年 4~5 月,穗梗不枯萎,果粒损耗率为 2%~4%,贮藏效果良好。实践证明,永久式地下式通风窖结构简单,经济耐用,管理方便。温度调节主要通过通气孔的开关进行,温度高时白天将通气孔关闭,晚上打开通气孔以降温;湿度大时利用通风降低湿度,如湿度不足 90%,可喷水调节。此种方法适于庭院贮藏葡萄,管理方便,经济效益较高。

④防腐剂保鲜贮藏。

• 二氧化硫熏蒸防腐剂。用二氧化硫对窖内进行熏蒸,对葡萄贮藏期引起腐烂的灰霉病菌有较好的效果。葡萄入窖后,即用硫黄粉 4 克/米^3 燃烧熏蒸 30~60 分钟,以后每隔 10 天左右熏 1 次,当气温为 0~1℃时,约每隔 1 个月熏 1 次。

• 仲丁胺。龙眼葡萄用仲丁胺防腐剂处理后,放入聚乙烯塑料袋中密封保鲜,保鲜效果良好。具体方法是:平均每 500 千克葡萄用仲丁胺 25 毫升熏蒸,然后用薄膜大帐贮藏,在 2.5~3℃低温下贮藏约 3 个月,葡萄的好果率达 98%,失重率达 2%,果实品质正常,果梗为绿色,符合商品要求。仲丁胺使用方便,成本低。

• S-M 和 S-P-M 水果保鲜剂。辽宁化工研究所制成的这两种水果保鲜剂,是把熏蒸性的防腐保鲜剂密封在聚乙烯塑料袋中,让其释放出二氧化硫,以抑制和杀灭霉菌,起到水果保鲜防腐的作用。这两种药剂广泛用于葡萄、苹果、柑橘等水果的贮藏保鲜,对葡萄效果更佳。一般每千克葡萄只需 2 片药(每片药重 0.62 克),能贮存 3～5 个月,可减少损耗70%～90%,适于贮藏龙眼、巨峰、新玫瑰等葡萄品种。本药安全无毒,对水果营养成分影响甚微;价格低廉,适于家庭贮藏水果使用;操作方法简单。晚熟葡萄在充分成熟后采收,剪除病粒、坏粒和青粒,装入坛中或缸中,将药片用纱布包好放在上边,然后用塑料薄膜封口,放在冷凉地方,温度控制在 0～2℃,可保鲜约 4 个月,葡萄仍完好无腐。如能将葡萄放入地下或窖中,保持适宜温度,效果更好。

• 过氧化钙保鲜剂。将巨峰葡萄 20 穗,分别放入宽约 25 厘米和长约 50 厘米的塑料袋内,把约 5 克过氧化钙夹在长约 10 厘米、宽约 20 厘米、厚约 1 毫米的吸收纸中间,包好放入塑料袋后密封,置于 5℃条件下,贮藏 76 天后,果实损耗率为 2.1%,浆果脱粒率为4.3%;对照组未经过氧化钙处理的损耗率为 10.3%,浆果脱粒率为82.2%。过氧化钙遇湿后分解出氧气与乙烯反应,生成环氧乙烷,再遇水生成乙二醇,剩下的是氢氧化钙,可以消除葡萄贮藏过程中释放的乙烯,从而延长果实的贮藏期。该药剂安全、有效,若与杀菌剂配合使用,效果更为显著。

• 焦亚硫酸钾、硬脂酸钙、硬脂酸与明胶或淀粉混合保鲜剂。最近研制成的保鲜剂配方是 97%焦亚硫酸钾加 1%硬脂酸钙和 1%硬脂酸,与 1%明胶或淀粉混合溶解后制成片状。焦亚硫酸钾接触到水果或蔬菜蒸发出来的酸性水气,即分解出二氧化硫,二氧化硫具有良好的漂白、杀菌、灭虫作用。硬脂酸钙和硬脂酸是灭菌的稳定剂,它们与淀粉或明胶等结合,可以形成一层肉眼难以见到的薄膜,把水果或蔬菜与空气隔绝开来,从而起到保鲜作用。试验证明,在贮藏约 8 千克葡萄的箱子里,放 5 克防腐保鲜剂,置于葡萄上部,在 0～1℃的温度和 87%～93%的相对湿度下,贮藏 210 天后,葡萄腐烂率只有 0.6%。这种保鲜剂对水果和蔬菜的肉质没有污染,洗净食用无不良影响,对含叶绿素和维生素 C 的各种水果和蔬菜都有良好的保鲜作用。

• 葡萄 8251 保鲜剂。葡萄 8251 保鲜剂是天津化工研究院研制的片剂。该药剂能缓慢释放二氧化硫,二氧化硫含量低于国际卫生标准。实践证明,贮藏 7.5 千克葡萄的纸箱里,以加入 0.2%~0.5%的药量为宜,超过 0.5%时,虽然能有效控制霉菌发生,但药片周围的葡萄漂白现象也很严重,低于 0.2%时,又起不到杀菌及抑制霉菌生长的作用。采收和装箱在田间同时完成,从葡萄架采下的果穗,剪除破伤粒、小青粒后,就可装箱。在葡萄装箱的同时装入保鲜剂药片,若容器较大,葡萄与药剂须分层放置,若容器较小,装好葡萄后,把药片放在表层,这是由于二氧化硫的比重比空气比重大,可以自动下沉。装完后,把塑料袋口扎紧,放在阴凉地方,保持室温为 0~2℃。若是大规模贮藏,必须有较好的贮藏条件,其中以机械制冷库最好,这样可以通过电动制冷、液氨循环来降温。在葡萄采收前将贮藏库清理干净,湿度不够时可在库内四壁洒水或喷水,入库前 2~3 天使库温降到 5℃以下,以 0℃为最好,这样葡萄不必经过缓冲,可直接入库。存放时,注意巷道要与通风口平行,葡萄不宜码太高,一般以 15~20 层为宜。

⑤冷库贮藏保鲜法。

• 贮藏条件。葡萄冷库贮藏适宜温度为 -1~0℃,相对湿度为 90%~95%,在此条件下加放保鲜剂。

• 库房消毒及降温。为了防止葡萄入贮后再次被污染,必须在葡萄入贮前用库房消毒剂对库房进行彻底消毒杀菌,贮藏的冷库需具有降温快、温度稳定且库内温度分布均匀的特点,库温应在水果入贮前 2 天降至 -2℃。

• 入库预冷。采收时用定量装 20 千克左右葡萄的塑料周转筐,白天采下葡萄后放置在阴凉处,至傍晚后进库快速预冷,尽快将温度降至 -1℃。快速预冷可迅速降低入贮葡萄的呼吸强度,减少乙烯的释放量。巨峰等葡萄预冷时间限制在 12 小时内,时间过长葡萄易出现干梗脱粒。用保鲜袋入库的小包装葡萄进库时应敞开袋口,将田间带来的热量和水分散去,预冷后再封袋口,最好有预冷间。

• 堆放和保鲜。预冷后的葡萄按 3 吨(即 20 千克 1 筐,装 150 筐)左右垒起高堆,每筐葡萄中间放置保鲜剂,筐面上再放上保鲜纸,垒成堆后罩上塑料膜封严,使每堆葡萄自成一体,成为一个小环境,保鲜剂释放出的保鲜气体均匀充满整个空间。大空间具有缓冲调节作用,使葡萄不易受药害。由于与外界隔绝,葡萄呼吸作用产生的二氧化碳和水蒸气充斥在塑料膜所包围的空间不散发,减弱了葡萄有氧呼吸过程,达到较合理的呼吸强度。由于呼吸热的缘故,膜内温度高于膜外,释放的水蒸气绝大部分凝结在塑料膜内壁上,而不附着在果实表面,葡萄果粒依然干净,果粉不受损伤,病菌不易侵入,膜内的空气相对湿度能较好保持,从而减少葡萄果粒水分的散失,延长贮藏时间。

• 贮藏期管理。在贮藏过程中应保持库温在 $-1\sim0℃$,贮藏葡萄的最佳湿度为 90%~95%,当湿度高于 95%时应打开门及排气孔,进行通风排湿;当湿度低于 90%时应在地面洒水,或者在墙壁等处挂湿草帘。通风时要注意时间的选择,应选择库内外温差较小时通风,防止库温波动太大,当外界空气湿度大,如下雨或雾天时不宜通风;在葡萄贮藏过程中,要做好库房巡查工作,做好记录,发现异常情况及时处理。在贮藏过程中要经常检查葡萄贮藏情况,但最好不要开袋检查,如发现葡萄果实已开始干枯、变褐、腐烂或有较重的病害发生时,要及时处理。

总之,葡萄的贮藏与保鲜是一项系统的、配套的工程,只有在前期做好品种选择、栽培管理等工作,结合贮藏的各种措施和方法,才能真正取得长期贮藏和保鲜的效果。

5. 柿子

柿子一般在9月下旬至10月上旬采收。为了延长柿子供应时间,需采取一系列有效措施,达到减少柿子品质变化和腐烂损耗的目的。贮藏用的柿子果实要用硬熟果,用采收剪刀剪断果梗并保留萼片。切记避免任何机械损伤。

柿子的贮藏保鲜技术如下。

(1)室内堆藏 选择阴凉干燥、通风良好的屋子,燃烧硫黄进行消毒后,地上铺15～20厘米厚的禾草,将选好的柿子轻轻堆放在草上,堆4～5层,也可将柿子装筐堆放。室内如没有制冷设备,当室外温度高于0℃时,应早晚通风,白天密封门窗,注意防热。当相对湿度低于90%时,应适当加湿。这种方法的贮藏期较短。

(2)露天架藏 选择地势较高、阴凉的地方,搭高为1～1.2米的架子,宽和长根据贮量而定,架子上铺竹子或玉米秸,竹子或玉米秸上再铺10～15厘米厚的稻草,将选择好的柿子放在架上,堆成堆,堆高约30厘米。当温度低于0℃时,柿堆上需覆盖稻草保温。架子顶部设屋脊形防雨篷。采用此法贮藏的柿子可存到第二年4月初,柿子的色泽和品质尚好。

(3)自然冷冻贮藏 自然冷冻法是将柿子放在阴凉处,任其冻结。选地下水位低、背阳处挖宽、深各为35厘米的沟,沟内铺5～10厘米厚的玉米秸,上放柿子5层左右,在冻结的柿子上再加盖30～60厘米厚的禾草,保持低温。贮藏期为3～4个月,直到第二年春季解冻销售。

(4)气调贮藏 气调贮藏分快速降氧气调贮藏和自然降氧气调贮藏2种。快速降氧是将预先配好的混合气体(含氧气30%、二氧化碳6%)连续通入塑料袋(或帐)中,或用充氮降氧的方法,使果实很快处于适宜的气体环境中。

(5)自然降氧法 将果实密封在聚乙烯塑料袋(帐)里,通过果实本身的呼吸作用来调节袋内的气体成分。然后每天定期检测袋中的气体成分。当氧浓度低于3%、二氧化碳浓度高于80%时,分别向袋内补充空气或用氢氧化钙吸收二氧化碳(一般每100千克果实放0.5~1千克消石灰,消石灰失效时可更换)。在0℃温度条件下,甜柿品种能够贮藏3个月左右,涩柿贮藏期可达4个月。

除此之外,柿子还可用食盐、明矾水浸渍贮藏,即在约50千克煮开的水中,加食盐约1千克、明矾约0.25千克,将配好的盐矾水倒入十分干净的缸内,待水冷至室温后,先将柿子放入缸内,用洗干净的柿叶盖好,再用竹竿压住,使柿子完全浸渍在溶液中,当缸内水分减少时,可续加上述溶液。由于明矾能保持果实硬度,食盐有防腐作用,因此,柿子用此法可贮藏到第二年5月左右,果实仍然甜、脆,但略带咸味。应用此法要严格挑选果实,所用容器必须十分洁净,不同品种、不同地区使用盐矾的比例不同,在使用前需要进行小型预实验。

6. 石榴

近年来,随着石榴栽培技术水平的提高以及果实产量的增加,石榴贮藏保鲜技术也有了较大的发展,已成为促进石榴产业发展的关键技术。

(1)石榴的贮藏特性 石榴果实的耐藏性因产地及品种的不同而异,一般晚熟品种比早熟品种耐贮藏。栽培较多、耐藏性较好的石榴品种主要有大红甜、净皮甜、青皮甜、大马牙甜、青皮酸、马牙酸、钢榴甜、大红皮酸等。

(2)石榴的贮藏条件

①温度。低温能抑制果实呼吸强度,减少果实养分消耗,抑制和削弱病菌微生物活动,延长果实贮藏保鲜时间。石榴果实贮藏的适宜温度为2~3℃,最高不能超过5℃。石榴对低温比较敏感,果实长时间处于0℃或低于0℃的环境中,会发生冷害。冷害的症状为果皮

表面凹陷、褪色,内部组织变色、腐烂。当受冷害的果实移到常温下时,其冷害症状更加明显。

②湿度。石榴在贮藏过程中,随着组织内水分的挥发,果实重量减轻,果皮皱缩干燥,不但会影响果实重量,也会影响果实的质量。因此,在石榴贮藏过程中必须保持适宜的空气相对湿度,其空气相对湿度以85%~90%为宜。

③气体成分。在石榴贮藏过程中,合理地控制室内气体组成并保持一定的比例,即可维持果实正常的最低呼吸强度,延长保鲜时间。

(3)石榴的采收和采后处理 红皮石榴的果皮颜色由绿变黄出现红色,黄皮石榴的绿色褪去呈现黄色,果面出现光泽,果棱显现,表示果实已经成熟。北方秋分至寒露期间为适宜的采收期,过早采收的果实风味差,耐藏性差。采收应在晴天分期进行。雨天萼筒内容易积水,导致病原菌侵入果实而引起腐烂。采摘果实时要带1厘米左右长的果柄,轻摘轻放,防止石榴受机械伤,尤其要防止因挤压产生内伤(即由于挤压使果皮内籽粒破碎)。内伤从外表看不出来,但在贮藏过程中,籽粒破碎流出的汁液会影响其余未破碎的籽粒,使整个果实溃烂变质,失去食用价值。此外,石榴皮中水分和单宁含量高,碰伤后极易褐变,造成烂果,采果人员一定要特别小心。为避免运输中的碰伤,短途运输可在果筐中铺垫麦草等柔软物,长途运输可用软纸单果包装或加套果网,以减少挤压。

果实采收后的防腐处理可减轻果实的病害,用800~1000倍50%多菌灵或45%噻菌灵悬浮液浸果3~5分钟,果实晾干后贮存。果实量大时也可喷洒药液来防腐。

(4)石榴的贮藏保鲜方法

①室内堆藏法。选择阴凉、湿润、通风的房屋,在地面垫上约10厘米厚的鲜草、地瓜秧等,然后将石榴一层果梗向下、一层果梗向上交替摆放,堆放的高度以40~60厘米为宜,最后盖上鲜草等,注意随

温度变化增减覆盖物。此法可贮藏保鲜石榴70~100天。

②井窖贮藏法。选高燥处,挖直径80~100厘米、深100~200厘米的干井,然后根据贮藏量向四周挖数个拐洞,底部铺约10厘米厚的细沙或干草,摆放石榴4~5层,最后把井口盖好,留好通气孔,注意勤检查。入贮的石榴要严格挑选,并喷洒杀菌剂(50%多菌灵1000倍液),维持窖温在5℃左右,10~15天检查一次,剔除烂果。此法可贮藏石榴到第二年的3月下旬。

③罐瓮贮藏法。选干净、无油垢的坛、缸、罐等容器,底部铺一层湿沙,厚约5厘米,中央放一个草制通气筒,以将石榴放满容器为度,上面盖一层湿沙,用塑料薄膜封好。此法仅作少量贮藏用。

④塑料袋贮藏法。选用厚0.04~0.07毫米、直径约50厘米、高约80厘米的无毒塑料袋,装入内衬蒲包的果筐或箱内。然后将精选的石榴用防腐剂处理后装入袋中,每袋装25千克左右石榴,初贮期将袋口折叠压在果上,1个月后可扎紧,然后放在室内常温下贮藏,3~4个月后石榴的好果率在90%以上。

⑤药剂处理贮藏法。试验结果表明,用保鲜剂2号处理石榴后,再将石榴用小袋包装,贮藏效果较好。具体做法为:于9月下旬、石榴约八成熟时采收,石榴采收后用保鲜剂2号1000倍液浸泡,捞出稍晾,单果装入塑料袋内,扎紧袋口,放入果筐贮藏。石榴贮藏约140天后失重率仅为0.24%,好果率达90%以上,且其含糖量明显提高,果皮由绿色转为淡绿色,新鲜、美观。

7.草莓

草莓果实鲜红,柔软多汁,甜酸适口,富含钙、磷、铁和维生素C等多种营养成分,是一种高档水果。草莓从每年11月开始上市,直至第二年6月均可供应市场,有"淡季水果之星"的美称。但草莓属于浆果类水果,含水量高,组织娇嫩,易受机械伤和微生物侵染而腐烂变质。在常温情况下,放置1~3天就开始变色、变味,失去原有营养风味和商品价值。因此,采用适当的贮藏方法,延长草莓的鲜食期和供应期非常重要。

(1)草莓贮藏前的准备工作

①耐贮品种选择。比较耐贮运的草莓品种有鸡心、硕蜜、狮子头、戈雷拉、宝交早生、绿色种子、布兰登堡、女峰、丽红等。如用速冻贮藏保鲜法时,宜选用肉质致密的宝交早生、布兰登堡等品种。上海、春香、马群等品种不耐贮运。

②采收。草莓的采收标准是果实表面75%左右面积的颜色着色变红(即七八分成熟)。过早采收,果实颜色和风味都不好。草莓在采收前3~5天不能灌溉,采收工作应在晴天露水干后、气温较低时进行,气温高时应避免在中午采收。草莓采收前用0.1%~0.5%氯化钙溶液喷施果实,或在采收后用氯化钙溶液浸果,可抑制草莓软化。采收应在花萼白果柄处摘下,避免手指触及果实。采收时应剔除病果、劣果,把好的浆果轻轻放在特制的果盘中,果盘大小以90厘米×60厘米×15厘米为好,装满了草莓果实的果盘即可套入聚乙烯薄膜袋中密封,及时送冷库贮藏。也可以用高度在3.0厘米以下的有孔筐采收草莓,放入草莓后,切忌翻动,避免碰破果皮,用筐盛满草莓后应及时预冷,进行药剂处理后入冷库贮藏。草莓采收最好选在晴天进行,草莓先开花的果实先成熟,整个采期历时20天左右,可分次、分批采收草莓,一般每日或隔日采收一次。

③采后处理。草莓采收后应及时去掉病果、机械损伤果及残次劣果。为了抑制草莓的软化,可用3%~5%氯化钙溶液浸果5分钟左右。

(2)草莓的贮藏方法

①冷藏。草莓果实贮藏的适宜温度为0℃,相对湿度为90%~95%。果实采后应及时运送到冷库并预冷至1℃,再进行冷藏。草莓受灰霉病菌感染后,果实自身呼吸作用加强,提早衰老,容易腐烂;水分蒸发引起失水干缩,草莓失水5%以上即失去商品性。

室温条件下草莓失水快,每天可失水 2.17%～2.65%,3～4 天即失去商品价值,还有氧化作用引起果实变色等,均是影响草莓保鲜效果的主要原因。降低温度能有效地延长草莓的贮藏时间。将待贮草莓带筐装入大塑料袋中,扎紧袋口,防止草莓失水、干缩、变色,然后在 0～3℃ 的冷库中贮藏,切忌温度忽高忽低。

②近冰点温度贮藏。草莓的冻结温度为 -0.77℃,草莓属于水分蒸发与温度无关型水果,即使在近冰点条件下,无包装的草莓水分蒸发也很严重。因此,用塑料袋小包装可提高周围环境的湿度,减少空气对流,抑制水分蒸发,减少草莓的失重损失。草莓的呼吸作用强弱受环境温度影响很大,近冰点条件下的呼吸强度是室温条件下的 1/6。近冰点贮藏的具体条件是:贮藏环境温度为 -0.7～-0.3℃,相对湿度为 85%～90%,草莓贮藏于 0.04 毫米厚的 30 厘米×32 厘米大小的聚乙烯薄膜袋中,扎紧袋口。

③速冻贮藏。草莓除一般的采后处理外,必须用流动清水冲洗。作为加工原料的草莓不加糖,可将整果直接速冻;作为生食的速冻草莓,需按草莓净重的 20%～25% 加入白糖;对于酸味较浓的草莓品种,按 25% 的量加糖并搅拌均匀,定量装入薄膜食品袋内加以密封,放入冻结装置内快速冻结,温度保持在 -25℃ 或更低,使果实中心的温度达到 -18～-15℃,贮藏时的湿度要求为 100%。经过速冻的草莓可贮藏约 18 个月,且营养成分不变。

④气调贮藏。草莓气调贮藏适宜的条件是温度为 0～1℃、相对湿度为 85%～95%、氧浓度为 3%、二氧化碳浓度为 3%～6%。草莓用此法可贮藏 2 个月以上。提高二氧化碳浓度,可使草莓的腐烂率大大下降,但二氧化碳浓度最高不得超过 20%,不然会使草莓产生酒精味。气调贮藏的主要方法有:

• 塑料小包装贮藏。选择合乎要求的草莓轻轻放入特制的果盆,预冷后,选用 0.04 毫米厚的不漏气聚乙烯薄膜袋密封,同时在袋内加入 1 片乙烯吸附剂,放入具备条件的冷库中贮藏。

•限气包装贮藏。此法需 ZQF 550/4 型真空包装机、GM-B 型气体混合器、CYES-Ⅱ型二氧化碳/氧气测定仪、氮气瓶、氧气瓶和二氧化碳瓶等设备。贮藏时,将预冷后的草莓装入塑料袋中,抽成真空,排尽袋内的空气,然后把混合好的气体充入塑料袋内密封,放进具备条件的环境中贮藏。各种气体的体积百分比为:氧气 8%、二氧化碳 3%、氮气 89%,限气包装贮藏比常规气调贮藏成本低,易操作,无污染,并可在运输、批发和零售过程中对产品进行保鲜。

⑤保鲜剂保鲜。常用的保鲜剂有化学保鲜剂,如脱水醋酸、8-羟基喹啉、5-乙酰基-8-羟基喹啉的硫酸盐及磷酸盐、抑菌灵等;天然食品保鲜剂,如茶多酚复合保鲜剂;比化学保鲜剂更安全有效的生物制剂,如基因活化剂等。通常的药物保鲜方法有:

•植酸浸果。用 0.10%~0.15% 的植酸、0.05%~0.10% 的山梨酸和 0.10% 的过氧乙酸混合处理草莓,在常温下草莓能保鲜 1 周左右,低温冷藏可保鲜 15 天左右,草莓的好果率为 90%~95%。

•二氧化硫处理。将草莓放入塑料盒中,放入 1~2 袋二氧化硫慢性释放剂,药剂与草莓保持一定距离,然后密封。使用 1 袋二氧化硫缓释剂贮藏 20 天后,草莓的好果率为 66.7%,商品率为 61.1%,漂白率为 8%,具有较理想的贮藏效果。

•酸—糖保鲜。草莓果实用亚硫酸钠溶液浸渍后晾干,在容器底部放入适量砂糖和柠檬酸,砂糖和柠檬酸的质量比为9:1,再将草莓放在混合物上,可显著延长草莓的贮藏期。

⑥涂蜡保鲜。这是近几年发展较快的保鲜技术,使用较多、效果较好的食用膜有壳聚糖膜。使用壳聚糖膜 31 天后仍能使草莓保持较高的硬度和维生素 C 含量。壳聚糖浓度会影响草莓的品质及贮藏,目前推荐壳聚糖的最适浓度为 0.5%,也可使用 0.8% 对羟基苯甲酸乙酯和 0.5% 硬脂酸单甘酯对草莓进行复合涂膜处理,保鲜效果较好。

以上介绍的是目前较实用的几种草莓贮藏保鲜技术,在实际应用时,可以综合使用几种技术,以确保更好的贮藏保鲜效果。

8. 板栗

板栗营养丰富,风味独特,在我国广为栽培。板栗有多种食用方法,深受人们喜爱,是我国传统的出口产品之一。板栗树是一种优良树种,抗逆性强,适应性广,且栽培技术容易掌握,一年种、多年收,产量比较稳定,收益大。一般采收脱苞后,板栗在常温下存放1周左右,损失达30%,甚至高达50%。板栗含水量高,呼吸强度大,释放大量的呼吸热,此时如果堆积过高,通气散热不良,易产生无氧呼吸而导致变质霉烂;特别是雨天采收的板栗,更易变质腐烂。因此,刚采收的板栗不宜立即贮藏,应将其摊开置于阴凉通风处,散掉呼吸热并让其失去一部分水分,俗称"发汗"。经"发汗"处理的果实即可进行贮藏。但如果板栗失水过多,含糖量异常增加,可导致其生理机能失常,活力下降,对各种病原菌的抵抗力降低,易染病霉烂。

(1)板栗的品种 我国板栗品种很多,北方板栗果型小,具有香、甜、糯等特性,耐藏性强。南方板栗果型大,风味较差,主要用于加工和做菜用,耐藏性较差。中、晚熟品种较耐贮藏,如山东薄壳栗、山东红栗、河南油栗等晚熟品种最耐贮藏。

(2)板栗的采收 板栗成熟的时间因产地和品种而异,一般以充分成熟时采收为宜。当栗苞颜色由绿变黄、有1/3的栗苞开裂、栗子呈棕褐色时为适宜采收期。采收过早,未成熟的栗子含水量高,不但会影响栗子的单粒重和品质,而且不耐贮藏。采收不宜在雨天、雨后或露水未干时进行,最好在晴天采收。

栗子的采收方法有自然落果和人工打栗子法2种。栗苞自然开裂、落地的栗子,风味和外观品质好,耐贮藏,但此法采收的时间长。打栗子法是将栗子一次性打落,由于苞果采后温度高,水分多,呼吸旺盛,所以要选择凉爽、通风的地区,将苞果摊成薄层,堆放数天,待栗苞开裂后取果,此法采收时间集中,但栗子成熟度不一致。

(3)板栗贮前预处理 板栗在贮藏之前要进行防虫、防腐、防发芽处理。

①防治病虫害。栗子遭机械损伤和害虫如象鼻虫、桃蛀螟等危害后,极易受病菌侵染。因此采前要加强对害虫的防治,在贮运过程中要注意轻装轻放,防止造成机械损伤,同时做好贮前防病处理。在塑料帐或密闭库内可用溴甲烷熏蒸,每立方米空间用溴甲烷40~50克熏3.5~10小时。另外,用二硫化碳(1.5克/米^3)熏蒸20小时左右亦可灭虫。

②防腐。用500倍的托布津或1000倍的特克多浸果约3分钟,防治病菌效果较好,但浸果要在采果后1~2天内进行。也可用0.05%的2,4-D加500倍托布津水溶液浸果约3分钟,或用约10克二溴四氯乙烷,分成小包放在每个装果25千克左右的塑料袋内进行防腐处理。

③防止发芽。可分别选用1000毫克/升的B_9(比久)、1000毫克/升的萘乙酸、1000毫克/升的青鲜素(MH)水溶液做浸果处理,或在萌芽前用10万伦琴γ射线辐射处理,均有抑制栗果发芽的效果。

④精选。用10%的食盐水精选板栗,以剔除病虫栗以及未成熟的空瘪栗,有利于板栗的贮藏保鲜。

⑤预贮。将采收的栗子放在阴凉干燥的地方摊开晾放,以8%左右的失重率为宜,失重率低于5%或高于12%均影响贮藏效果。

(4)板栗的贮藏条件 板栗最适宜的贮藏温度为0℃,相对湿度为90%~95%,氧浓度为3%~5%,二氧化碳浓度为1%~4%。

(5)板栗的贮藏方法

①冷藏。板栗在常温下贮藏时,由于其组织含水量较高,组织及病原菌呼吸及代谢均十分活跃,很容易造成板栗的腐烂;而在低温下贮藏,则可降低板栗组织及病原菌的代谢活动,减少板栗中水分的损失,有利于贮藏。但板栗属于顽拗性种子,不耐0℃以下低温贮藏,因此冷藏法通常的适合温度为1~4℃。具体操作是:将板栗用麻袋包

装,贮藏于库温为1~4℃、相对湿度为85%~95%的冷库中,定期检查。若水分蒸发量大,可隔4~5天在麻袋上适量喷水一次。将板栗装在麻袋或筐中,内衬打孔塑料薄膜,可减少板栗的失重和避免板栗遭受二氧化碳伤害,贮藏保鲜效果更好。码垛时要注意留出通风间隙,以便快速降温和通风换气。使用架藏效果更佳。

②气调贮藏或薄膜袋(硅窗袋)贮藏。气调贮藏是目前国内外最先进的果蔬贮藏保鲜方法,板栗在二氧化碳浓度小于等于10%、氧浓度为3%~5%、温度为-1~0℃、相对湿度为90%~95%的条件下,可贮藏4个月左右。但该方法一次性投资较大。气调贮藏可以有效地抑制板栗的发芽和霉烂,但是要注意二氧化碳浓度不能超过10%,否则板栗会受二氧化碳伤害,果肉褐变,味道变苦。如果二氧化碳浓度过高,可以用0.5%~1%的氢氧化钙或二氧化碳脱除器脱去多余的二氧化碳。除了气调库或塑料大帐气调外,还可以用0.04~0.06毫米打孔聚乙烯薄膜或硅窗气调袋来贮藏板栗,如果将塑料薄膜与防腐剂结合使用,不仅可以减少板栗的失重,还可以降低其腐烂率。具体做法是:将板栗在含500毫克/升2,4-D和200毫克/升托布津的混合溶液中浸泡3分钟左右,沥去水分,装入0.06毫米厚的打孔聚乙烯薄膜袋中,置于0℃库中,可以贮藏到第二年的5~6月。

③沙藏法。在板栗产区普遍使用沙藏法。在阴凉室内或者地窖中,先铺4~10厘米厚的湿沙,沙的湿度以保持在65%左右(手握成团,手放散开)为宜。然后放一层板栗铺一层湿沙,堆好后顶上再铺8~10厘米厚的湿沙,堆高不宜超过1米。当沙面干燥时可用水喷湿,也可用湿稻壳或湿锯末代替湿沙,但必须是新鲜、无霉烂的。河沙须洁净,可先晒2~3天,加入5%溶有0.1%托布津的清水,堆积厚度约20厘米,每5~7天翻动检查一次,结合调湿拣出霉坏果。沙藏法的贮藏温度变化较大,湿度也不易掌握,因此发芽率、腐烂率和霉变率较高,不能长期贮藏。该法多在北方运用,因为这些地区在板栗收获季节地温较低,地温回升也较晚。

④带蒲保鲜贮藏。将带蒲栗装于竹篓中,堆存于阴凉的房间里。带蒲在贮藏前期有利于板栗水分的保持和养分的积累,起到一定的保鲜作用。经40天贮藏后检查,板栗的好果率为95%~98.3%,失水率小于等于2%,虫烂率为1.5%左右。此法贮藏效果好,经济效益高。但贮藏后期,栗蒲失水风干,致使栗子失水严重,效益不佳。因此,此法作为短期贮藏手段是可行的,它是一种简易的贮藏方法,能缓解采收期劳动力不足的矛盾。若希望长期贮藏,则须使用其他贮藏方式。

⑤塑料袋室内常温贮藏。将"发汗"后的板栗,用70%甲基托布津500倍液浸约5分钟,取出晾干,装入50厘米×60厘米、两侧有若干个直径约1.5厘米的小孔的塑料袋中,置于通风良好的室内,不要紧靠贴压,初期换袋翻动3次,以后视室温打开或扎紧袋口,一般超过10℃时打开袋口,低于10℃时扎紧袋口。也有采用变换包装袋的方法,即在贮藏初期的高温季节,用塑料网袋或麻袋包装板栗,以利于袋内板栗散热降温并排出有毒气体,如乙醇、乙醛、二氧化碳等,从而抑制霉烂的大量发生。以后气温下降时(降至10℃以下),霉菌活动受到抑制,即换为打孔塑料袋,以利于最大限度地减少板栗的水分蒸发,保持板栗鲜度,即前期以防霉为主,后期以防失水为主。先将板栗露地沙藏一段时间(一般1个月)后,再改用塑料袋贮藏,效果也很好。

⑥稀醋酸浸洗贮藏。将挑选过的板栗用1%的醋酸液浸约1分钟,沥干后装入底垫松针的竹篓内,上盖塑料薄膜,一般每月浸洗4次,贮藏142天后好果率可达94%。

⑦清水或盐碱水浸洗保鲜贮藏。将"发汗"后的板栗装入筐内,于清水或2%食盐加2%碳酸钠溶液中浸洗1~2分钟,然后将筐装板栗贮于架上,以后每隔一定时间再进行浸果,140天后,好果率为84%~92%。该方法的原理是:降低环境的温度,从而降低板栗组织的呼吸作用;补充水分;洗掉板栗上的杂物,减少病菌侵染;盐碱水处

理后板栗组织的 pH 上升,抑制某些酶类的活性,从而达到抑制板栗发芽的目的。

⑧辐射保鲜贮藏。广西植物研究所用钴照射板栗,对抑制板栗发芽效果显著。用 7.7 库/千克(3 万伦琴)以上剂量照射板栗后,板栗贮藏 7 个月全无发芽,贮藏 103 天后好果率为 86%～92%。

⑨熟果干藏。普通风干的生板栗味甜,但时间长易干腐。若板栗煮后再烘干、晒干,可长期贮藏。具体做法是:将板栗置于沸水中煮约 10 分钟,使果肉熟而不糊(糊则干为粉),晒干或烘干后,带壳保存于干燥环境中。熟干板栗虽然风味大减,但在交通不便的山区可以栗代粮。

上述贮藏方法各有优缺点,为了提高板栗的贮藏效果,有时几种方法结合在一起应用,可获得良好的效果。比如冷藏与气调结合、冷藏与辐射结合等。除了上述贮藏方法以外,还有缸藏、糠藏、空气离子贮藏等。尽管板栗贮藏方法很多,但这方面取得的进展并不大,从目前的报道来看,板栗最长的有效贮藏期仅半年左右,还不能实现周年供应。

9. 樱桃

近几年来,樱桃产业在全国各地发展较快,为满足延长樱桃的销售期和适应远途运销的需要,掌握樱桃贮运保鲜技术便显得尤其重要。樱桃果实中也含有硬核,属于核果类,在果实发育及贮藏特性方面与桃、李、杏等核果类水果有共同的特点——果实呼吸强度大,都属于呼吸高峰型果实。但因樱桃与桃、李、杏的树种和品种不同,所采用的贮运保鲜技术又有区别。

(1)樱桃的贮藏特性 樱桃贮藏较适宜的气体环境为:氧浓度 3%～5%、二氧化碳浓度 10%～15%。樱桃极耐高二氧化碳环境,所以在樱桃运输时应采用高二氧化碳处理,以抑制果品的呼吸作用,保持其鲜度。

(2)樱桃的采收及包装 选用晚熟、耐藏品种,在樱桃充分着色但尚未软化时采收,采收后的果实可直接在田间装入内衬保鲜袋的箱中,装箱前要剔出病果、虫果、过熟果及机械伤果,每袋装量为5千克左右。

(3)樱桃的贮藏保鲜方法

①产地塑料袋简易气调贮藏。由于樱桃果实较小,果皮极易损伤,故多采用小包装的形式。贮藏时将樱桃装入0.06~0.08毫米厚的薄膜袋后扎口,置于适宜温度下即可,一般每盒装2~5千克。果实通过自身呼吸调节,可贮藏30~45天。若采后及时预冷,低温环境下包装,并立即充入浓度为20%~25%的二氧化碳,可获得更好的贮藏效果。

②冰窖贮藏。樱桃于6月下旬采收、装箱、入窖,可在7月底或8月初陆续上市。窖的大小可根据贮量而定,将窖底及四周均匀铺上预先准备好的50厘米厚的冰块,然后将果箱堆码其上,一层果箱一层冰块,并将间隙处填满碎冰。堆好后顶部覆盖厚约1米的稻草等隔热材料,以保持温度相对稳定。贮藏期将窖温控制在-0.5~1℃。

③普通冷藏。将经过预冷的果实装箱,置于温度为0~5℃,相对湿度为85%~90%的冷库中,一般可贮藏4~5周。

10.柑橘

柑橘属于芸香科柑橘亚科果树,其中以柑橘属、金柑属、枳属最具栽培价值。柑橘果实的色、香、味兼优,果汁风味美,除含多种糖分、有机酸、矿物质外,还富含维生素C、多种甙类物质,营养价值极高,已成为世界性主栽果树之一,产区主要分布在北美洲、拉丁美洲、亚洲、地中海沿岸等地。根据联合国粮农组织统计,1989年柑橘总产量已超过葡萄和蕉类(香蕉、大蕉),成为世界第一大水果。我国柑橘栽培面积居世界第一,柑橘产量在巴西、美国之后,位居第三。柑橘果实除鲜食外,还广泛用作榨汁,提取香精油、果胶等物质。柑橘中不少品种还是优良的中药材原料。故柑橘的栽培和采后处理都具有十分重要的意义。

(1)柑橘的种类、品种差异 虽然从整体而言柑橘是较耐贮运的水果,但不同种类、品种间的耐贮性差异较大,一般而言,早熟品种耐贮性较差,中、晚熟品种耐贮性依次增强;有核品种耐贮性较无核品种强;从种类上看,柚、甜橙、柑、橘的耐贮性依次递减。具体的品种也有较大差异,如蕉柑较某些橙类品种的耐贮性强。品种是果实耐贮性最重要的影响因素。但即使品种相同,若砧木、栽培技术、树龄、树势不同,其耐贮性亦有差别,如嫁接在枳壳、红橘、土柑、香柑等砧木上的甜橙比嫁接在酸橘、香橙等砧木上的甜橙耐贮性好。

(2)柑橘的贮藏特性 柑橘虽然起源于热带、亚热带地区,但由于柑橘果实个体发育时间长,多在10月份以后成熟,这时环境温度较低,果实的整体代谢水平也较低,故从系统发育和个体发育来说,柑橘是一种较耐贮藏的水果。柑橘属于非跃变型果实,成熟过程较长,是一个渐进过程,没有内源性乙烯合成的高峰,也没有呼吸高峰的出现。

柑橘果实理化特性对果实的耐贮性亦有较大的影响,尤其是果皮的结构和质地、表皮蜡质的厚度影响较明显。一般来说,果皮较厚且质地较密、蜡质厚而均匀光滑是果实耐贮的标志。幼树的果实较大,皮质疏松,因而比成年树的果实耐贮性差;宽皮柑橘皮质疏松,因而比甜橙的耐贮性差。

①贮藏温度。柑橘不同品种贮藏的最适温度也有差异,一般甜橙采用1~4℃的贮藏温度,宽皮柑橘采用6~10℃的贮藏温度。此外,即使是同一品种,产地、树龄、树势甚至采收期不同,柑橘的适宜贮藏温度也可能有差异,所以不同地区所生产的不同品种的柑橘果实,最好通过实验确定其最适贮藏温度,而且在生产上还必须根据多方面实际情况,包括采收后的运输是否及时以及贮藏期限的要求等加以综合考虑,才能决定柑橘的贮藏适温。不同种类、品种柑橘果实

的冷藏条件见表5-2。

表 5-2 柑橘果实冷藏条件

品种	贮藏适温(℃)	相对湿度(%)	贮藏寿命(月)
甜橙	1～3	90～95	4
伏令夏橙	1～3	90～95	4
化州橙	1～3	90～95	4
蕉柑	7～9	80～90	4
椪柑	10～12	80～90	4

②相对湿度。相对湿度是影响柑橘果实贮藏效果的又一重要因素,它不但影响果实的水分散失,还影响病原微生物的繁殖、侵染与传播。相对湿度过高,病原微生物的传播较快,果实腐烂率增高;相对湿度过低,果实水分散失快,易发生干疤等生理性病害。贮藏柑橘果实采用的相对湿度以橙类较高,一般为90%～95%;宽皮柑橘贮藏的相对湿度宜控制在80%～90%范围内;柚类贮藏的相对湿度以80%～90%为宜。

③气体成分。柑橘果实对气体调节贮藏的反应,各方面的报道也不一致。不同品种的果实都有随着二氧化碳浓度的升高而加速腐烂的趋势,葡萄柚长时间处在高二氧化碳浓度的环境中会出现果皮伤害——脱色和表皮细胞死亡。在某些品种中,果皮外表呈水渍状,尤其是在果顶部位,如烫伤的褐斑布满了半个果实表面,在少数严重的情况下,果皮呈浅褐色,有时呈红色,油胞明显突出。广东蕉柑在二氧化碳浓度为3%～6%、温度为7～9℃的环境下贮藏两个半月后,即有部分果实呈现水渍状水肿,果肉有异味。许多报道指出:柑橘果实对气调贮藏的要求可能较为严格,除氧浓度和二氧化碳浓度之外,可能还和温度、成熟度、季节和品种有关。根据试验结果,可参考的柑橘贮藏的适宜气体条件为:氧浓度为15%～20%;二氧化碳浓度为0～4%。

尽管有不少关于柑橘类果实不适于采用气调贮藏的报道,但亦有很多报道说明气调贮藏柑橘是可以获得成功的。美国佛罗里达州的菠萝橙在平均氧浓度为14.2%、平均二氧化碳浓度为1.3%的气体环境中可保存5个月左右;贮藏在平均氧浓度为15%、平均二氧化碳浓度为0%、湿度为1℃的环境条件下可保存12周左右。

(3)柑橘的贮藏

①贮前准备。贮前准备工作是柑橘贮藏必不可少的环节,包括贮藏品种和贮藏方式的选择,贮藏规模与贮藏期的确定,人力、物力、财力的预算与准备,意外情况下的补救措施,所用物具的准备、清洗与消毒等详细工作。只有这些工作落到实处,整个贮藏工作才能有条不紊地开展,达到预期的目的。

物具的消毒常用熏硫法,将所用物具堆放在贮藏库或密室中,然后燃烧硫黄,密闭2~3天,再敞开或打开通风换气系统。用药量为$3\sim5$克/米^3。这是一种简便易行且经济、有效的办法。

②采收。首先要进行采收成熟度的确定。柑橘果实(橙、橘、柚)一旦采收,其品质和营养成分一般不会再增加,为保证消费质量,柑橘果实只有在达到较高的质量标准后才能采收。美国佛罗里达州的柑橘法规主要根据柑橘的果皮色泽、化学成分和果汁量来制定采收标准。甜橙采收质量的最低标准是:总可溶性固形物的含量为8%,固酸比为10.5∶1,或总可溶性固形物的含量为10%,固酸比为9.5∶1。

在很多国家和地区,柑橘果实采收还没有严格的质量标准,主要是根据果实的种类、用途和销售等多方面的情况来考虑采收的成熟度。生产上确定采收的成熟度主要根据以下几方面的参数。

果皮色泽的变化:对于橙类和宽皮橘类,同一品种内,其果皮颜色同果汁含量和固酸比之间有明显的相关性,故生产上常根据果皮颜色的变化来确定其成熟度。

可溶性固形物和固酸比的变化:柑橘类果实的可溶性固形物和

固酸比随成熟度的增加而加大,并在柑橘充分成熟时达到最大值,故能最直接和最可靠地反映果实成熟度的变化。

果汁含量:根据果汁含量的变化来确定果实成熟度也是常用的方法之一,尤其在葡萄柚采收中应用较普遍。Sinclair 曾收集了各葡萄柚生产国确定成熟度的方法,如巴西的葡萄柚果汁含量为40%,固酸比为 6.5:1;以色列的葡萄柚果汁含量为 40%,固酸比为(5.1~5.5):1;南非的葡萄柚果汁含量为 38%,固酸比为 5.5:1。

作为贮藏或运销的柑橘果实,需精细采收,多使用果剪进行人工采摘,不宜用手摘或机械采收。采收的基本原则是保留果梗以减少机械损伤。采收果实的同时应剔除病虫果、畸形果、机械损伤果。采收时按果实大小进行初步分级。腐烂的、已经没有应用价值的果实应收集起来集中销毁。

③预贮预冷。从田间采收回来的果实,应进行预贮预冷,释放田间热,降低呼吸强度,减少呼吸热,以免果实入库以后,库温居高不下,影响贮藏效果。预贮预冷还可以使已染病但还没有出现外部症状的果实表现出症状,以便剔除病虫果,减少贮藏果实的腐烂。预贮预冷的方法可采用风冷或水冷。

④分级、洗果、打蜡。果实应按大小、颜色以及果型分级。分级标准可自定,也可采用国家或相关出口国的标准,以提高其商品性。洗果可除去果实表面的尘垢,提高果实表面光洁度,同时减少农药污染,降低果实的腐烂率。打蜡亦称"涂料处理",是目前发达国家提高水果商品性的通用办法。常用涂料有虫胶以及用石蜡制成的水溶性石蜡。为保证食品的安全性,现已多采用许多天然涂料物,如淀粉、蛋白质、植物油等。打蜡的方法有浸涂、刷涂、喷涂 3 种。打蜡应注意以下几点:材料安全无毒;涂料厚薄因品种特性、涂料种类的特性不同而异,具体应建立在实验数据基础上;涂料厚度应均匀适当。打蜡是果实采收后一定期限内商品化处理的一种措施,只适宜于果实

短期贮运或上市前处理采用,以提高果实的商品性,长期贮藏时宜慎重打蜡。

⑤贮藏与管理。

• 常温贮藏与管理:目前,常温贮藏仍是我国贮藏柑橘的主要方法。在常温下,葡萄柚和宽皮橘类的贮藏寿命极为有限,故大量贮藏的是橙类和少量的柠檬。有试验表明,只要注意柑橘的采收质量、选果和防腐处理,即使在一般货棚或住房,也可贮藏甜橙至春节前后。但要贮藏到2月以后,则应采用其他贮藏方法。如四川省南充地区,多年来一直用地窖贮藏甜橙,可贮至第二年3~5月。其主要的环节是:采收期(11月中下旬)→采收方法(复剪法)→地窖消毒(乐果或托布津)→防腐处理(2,4-D+防腐剂)→前期注意窖降温→中后期注意密封降氧、隔热、保温,并据病害发生规律定期进行腐烂检查。

在四川,许多甜橙采用通风贮藏。过去通风贮藏库中湿度极低,波动较大,果实失水严重,湿度一直是影响通风贮藏效果的重要因素。近年来大量的试验证明,在通风贮藏中用聚乙烯塑料薄膜(厚度0.02~0.07毫米)进行包装,可以显著减少果实的失水,有利于保持果实的鲜度。

• 机械冷藏与管理:美国农业部推荐的贮藏条件是温度为3.5~9℃、相对湿度为85%~90%,在此条件下柑橘的贮藏寿命为8~12周;宽皮橘在温度为0~3℃、相对湿度为85%~90%的条件下贮藏的时间为2~4周;葡萄柚在温度为14.5~15.5℃、相对湿度为85%~90%的条件下贮藏的时间为6周。

冷藏有利于减少果实的腐烂和失重,长期冷藏必须考虑冷害的影响,因为柑橘类果实对低温敏感。采收过早和长期贮藏都会增加柑橘果实对低温的敏感程度。

• 机械冷藏在管理上应遵循以下基本原则:切忌温度、湿度波动太大;货物摆放应注意通风透气;防止货物、人、车进出频繁;贮藏规模与贮藏库设计规模相一致；定期检查，及时处理。

•气调贮藏与管理：大量的试验证明，气调贮藏可减轻柑橘果实的低温病害，目前气调贮藏在柑橘特别是商业性贮藏上的应用还十分有限。在柑橘气调贮藏方面，报道很不一致，有试验发现，柑橘果实的气调贮藏与其他贮藏方法相比，并没有显示出明显的优越性。有学者认为，可能是因为柑橘类果实无呼吸高峰，气调所产生的效果是有限的。总而言之，在柑橘果实气调贮藏方面，到目前为止还没有突破，有待于深入研究和证实。

二、典型蔬菜贮藏保鲜实用技术

1. 辣椒

辣椒（青椒、甜椒）属于茄科多年生或一年生植物，原产于中南美洲热带地区。一般寒冷地区的国家，以栽培甜椒为主，而地处热带、亚热带地区的国家，以栽培辣椒为主。商业上多贮藏绿色果实，所以一般称为"青椒贮藏"。青椒的不同品种、不同采收期和贮藏环境对其贮藏效果影响很大。甜椒几乎没有辣味，果肉厚，初为绿色，成熟后转为红色或黄色，可生食、熟食或腌渍后食用。辣椒含有丰富的维生素C、辣椒素及维生素A等营养物质。辣椒具有促进食欲、帮助消化等功效。

(1)辣椒的贮藏特性、品种与采收

①贮藏特性。青椒适宜的贮藏温度为9～11℃，不宜在低温下贮存，贮藏温度低于6℃时易遭冷害。冷害会诱导乙烯释放量增加。不同季节采收的青椒对低温的忍受能力不同，夏椒比秋椒对低温敏感，冷害更易发生。贮藏温度高于12℃时，果实衰老加快。青椒贮藏的适宜湿度为90%左右，湿度低时果实易失水皱缩，甚至干枯腐烂。青椒贮藏的适宜气体环境为：氧浓度为3%～5%，二氧化碳浓度为2%～6%。青椒贮藏室中易积累辛辣气味，要注意通风。另外，经霜

冻的青椒不能用于贮藏,衰老变红的青椒也不宜贮藏。青椒贮藏中的主要问题是失水萎蔫、腐烂和完熟后转红。因此,贮藏中要创造适宜的条件,防止青椒失水、腐烂和转红。

②品种。根据辣椒果实的特征,可将辣椒分为五类,依其辣味大小依次是:樱桃椒类、蔟生椒类、长角椒类、圆锥椒类和甜柿椒类。一般辣味椒的贮藏是将果实脱水至含水量在5%以下,制成干辣椒,防止腐烂;而甜味辣椒和微辣型的辣椒只宜在青熟时采收,并选择耐藏品种进行贮藏保鲜。青椒品种间耐贮性差异很大,用于贮藏的青椒品种适宜选择皮厚、肉多、表皮光亮、褶皱少、色泽深绿、含水量少、干物质含量较高的晚熟品种。

③采收。供贮藏的青椒果实应采收高质量的椒果,即果实颜色呈浓绿色,光亮而挺拔,果梗呈深绿色、坚挺,果实发育饱满,积累了充足的营养物质,并挑选无病虫害、无机械伤、个头均匀的完好果实。果实转红时,已处于生理衰老阶段,耐藏性差。果实处于半红期时,呼吸强度增强,全红期呼吸强度下降,并且伴有微量乙烯形成,半红果乙烯产量达到最高值,果实全红后不再有乙烯生成。因此,贮藏中要防止青椒完熟转红,不宜用半红果及红果贮藏。

由于经霜冻的青椒不能用于贮藏,所以秋椒应在霜冻前采收。青椒采收时应捏住果梗摘下,防止果肉和胎座受伤。为了减少贮藏期间果梗的腐烂,可用剪刀将青椒从果梗处剪下,这样伤口小且光滑,不易受微生物侵染。为防止采后青椒水分大量蒸发,应将采收的青椒置于阴凉处短期预贮,或直接进行冷藏或气调贮藏。一般在7~8月采收的青椒,以机械冷藏为宜,因气温太高,其他场所不易创造适宜的低温环境。秋季采收的青椒因气温降低,可采用沟藏或窖藏。青椒采收后先在12~13℃下预冷24~48小时,然后按质量要求挑选果实贮藏。

第五章 典型果蔬贮藏保鲜实用技术

(2)辣椒的贮藏方法

①沟藏。沟藏是一种比较普遍采用的贮藏方式。贮前在田地或窖内挖大约1米深、1米宽的东西走向沟。根据各地区气温高低和贮藏期的长短,决定沟的深浅和覆盖层的厚度。在沟底先铺一层细沙,将青椒散放于上面,按一层青椒一层细沙(或稻壳)堆放,堆至约0.5米高,最上面再盖一层约10厘米厚的沙子。根据气温变化,分2~3次覆土或覆盖稻壳、草帘等物防寒。也可将青椒装入筐内(装八成满),再放入沟内贮藏。经15天左右检查1次,秋椒能贮藏2个月以上。贮藏前期注意防热,白天气温高时盖上草帘,夜间揭起草帘以降低温度。贮藏后期气温降低,注意增加覆盖层厚度,同时也要适当放风检查。沟内还需设置防雨雪等灾害的设施,以免雨雪进入沟内造成青椒腐烂。

②窖藏。选择地势较高的地块,根据贮藏量大小挖成贮藏窖。青椒在窖内可采用筐贮、架贮、散堆或包装贮藏等形式。

• 筐衬湿蒲包。先将蒲包洗净,用0.1%~0.5%漂白粉液消毒,沥去表面水成半湿状态,放在干净的筐内,将青椒装至八成满,将筐以"品"字形码垛,垛的表面也用湿蒲包片覆盖。白天气温高,只揭开蒲包片,夜间放风后重新盖好。每隔7~10天检查1次,同时更换蒲包,换下的蒲包洗净消毒后可再用。如果过湿,可适当通风。

• 筐衬牛皮纸。将青椒装至八成满,筐顶盖一层牛皮纸,堆码成垛,每10天左右检查1次。

• 单果包装、装箱或装筐贮藏。用包果纸或0.015毫米厚的聚乙烯塑料薄膜单果包装。这样能延迟萎蔫,保持新鲜度,注意适当通风,免得包装容器内凝水积累,导致微生物侵染,加重腐烂。

③气调贮藏。夏季在常温库内贮藏青椒,用塑料薄膜封闭。因夏季湿度大、温度高,故青椒损耗较大。当秋后窖温为10℃左右时,用塑料薄膜封闭贮藏可收到较好的保鲜效果。入贮前使用一定量的防腐杀菌剂和生理调节剂,抑制青椒转红和腐烂的效果明显。青椒

封帐后,可通过快速降氧法、自然降氧法等方法使帐内气体成分保持在氧浓度为3%~6%、二氧化碳浓度在6%以下,控制帐内温度为8~10℃,相对湿度为85%~95%。

青椒贮藏时,用0.05%漂白粉消毒,或用0.05~0.1毫升/升(以帐内体积计算)的仲丁胺消毒,能取得良好的保鲜效果。

• 快速降氧法。将经过挑选的青椒装入消过毒的板条箱内,每箱装10千克左右青椒,按"品"字形堆放。每垛堆48箱共480千克左右。最上层加盖稀格竹板或麻袋、牛皮纸等,以防止塑料帐顶上的水滴直接淋在辣椒上,避免光照对辣椒果实催红。底层放置氢氧化钙5~7千克,用来吸收二氧化碳。罩上塑料薄膜帐子,并密封隔绝空气后,即进行抽氧充氮,重复4~5次,把帐内含氧量由21%降低到2%~5%。以后每24小时吸氧1%~2%,每天测定1次,将氧气调节在5%以内;呼吸产生的二氧化碳用增加氢氧化钙的办法消除,使其含量也控制在5%以内。每隔10~12天拆帐倒动1次,剔去病变或腐烂的果实,换上干燥的薄膜或将帐壁的水滴擦干。

• 自然降氧法。将辣椒装筐入贮封帐后,待氧气由果实自行吸收降低到6%时,再每天测定调节1次,使氧浓度保持在3%~6%,不可低于3%,二氧化碳浓度控制在6%以下。控制帐内温度为8~10℃,相对湿度为85%~95%,能贮藏50天左右。

2. 番茄

番茄属于茄科一年生草本植物。番茄含水量达70%以上,含有多种营养物质,如糖类、维生素C、有机酸、氨基酸、蛋白质及矿物质等。番茄品种达500多个,经济价值较高的品种有几十种。番茄既可生食,又可熟食,从开花到果实成熟一般需要35~45天。

(1)番茄的贮藏特性、品种与采收

①贮藏特性。番茄果实成熟度不同,适宜的贮藏条件和贮藏期也有所不同。番茄可分成5个成熟阶段:绿熟期、微熟期(转色期至

顶红期)、半熟期(黄熟期)、坚熟期(红而硬)和软熟期(红而软)。鲜食的番茄多为半熟期至坚熟期果实,此期呈现出果实成熟时应有的色泽、香气和味道,品质较佳。但此时果实已逐渐转向生理衰老,难以长期贮藏。用于贮藏的番茄应在绿熟期至半熟期采收,此时果实已充分长成,糖、酸等干物质的积累基本完成,生理上处于呼吸的跃变初期;果实健壮,具有一定的耐藏性和抗病性,在贮藏中能够完成后熟转红过程,接近于植株上成熟时的色泽和品质。

番茄喜温暖,对于鲜销和短期贮藏的红熟果,其适宜的贮藏条件为 0~2℃,相对湿度为 85%~90%,氧和二氧化碳浓度均为 2%~5%;对于成熟度较低的绿熟番茄和顶红果,适宜温度为 10~13℃,若低于 8℃,且时间较长,就易遭受冷害,果实出现水渍状斑点、软烂或蒂部开裂,或不能正常成熟,或组织坏死,易染病腐烂;绿熟番茄贮藏适宜的相对湿度为 80%~85%。作为长期贮藏的番茄应在绿熟期采收,皮厚、汁少、含糖量高、果形整齐、不裂果的晚熟品种较耐贮藏。早熟品种耐藏性差,番茄果实成熟一般在开花后 40 天左右,变色期采收的果实有利于贮藏运输,也有利于后期果实的发育。果实采收后应先放在冷阴处短期预贮,以散发田间热,然后入贮。

②品种。用于贮藏的番茄应选择种子少、种子腔小、皮厚、肉致密、干物质含量高、组织保水力强的品种。正常情况下,番茄贮藏 1 个月后,其呼吸消耗的糖约为果重的 0.4%,3 个月以后含糖量下降 1.2%,而当番茄果实含糖量低于 2% 时,风味明显变淡,因此长期贮藏的番茄应选择含糖量在 3.2% 以上的品种。

番茄品种不同,其耐藏性和抗病性差异很大,但也会受地区和栽培条件的影响。一般的中、晚熟品种耐贮藏,而早熟品种及皮薄的品种不耐贮藏。另外,从番茄果实在植株上的生长部位和发育情况来看,应选择前期和中期生长的发育充实的果实用于贮藏。

③采收。为了防止贮藏的番茄裂果腐烂、变质,贮藏用番茄采收

前2天不宜灌水。用于贮藏的番茄应于早晨或傍晚无露水时采收,此时果温较低,果实本身和容器带的田间热也少。采收番茄时要轻拿轻放,盛装容器不要太大,以免互相挤压碰伤。

番茄采收的成熟度与耐藏性密切相关,采收的果实过青,则累积的营养物质不足,贮后品质不良;采收的果实过熟,则很快变软,而且容易腐烂,不能久藏。番茄果实在植株上生长至成熟时会发生一系列的变化,如叶绿素逐渐降解、类胡萝卜素逐渐形成、呼吸强度增加、乙烯产生、果实软化、种子成熟。但最能代表成熟度的是外表的着色程度。

采收番茄时,应根据采后不同的用途选择不同的成熟度,鲜食的番茄应达到变色期至粉红期,但这种果实正开始进入或已处于生理衰老阶段,即使在10℃低温条件下也难以长期贮藏;绿熟期至转色期的果实已充分长成,此时果实的耐藏性、抗病性较强,在贮藏中完成完熟过程,可以获得接近植株上充分成熟果实的品质,故长期贮藏的番茄应在这一时期采收,并且在贮藏中尽可能使其滞留在这一阶段,实践中称为"压青"。随着贮藏期的延长,果实逐渐达到后熟。

番茄采后要及时预冷,一般放在冷藏库内预冷(13~15℃)1~2天,然后再选果入贮。

(2)番茄的贮藏方法

①缸藏。少量的番茄可用缸来贮藏,方法是将缸洗刷干净,然后把选好的绿熟番茄装入缸内,3~4个果高为一层,在每层之间设支架隔离,以免损伤果实。装满后用塑料薄膜密封缸口,每隔15~20天打开检查1次,剔除腐烂番茄,再重新装缸密封贮藏。

②设施贮藏。夏、秋季节多利用土窖、通风库、地下窖等阴凉场所,将选好的番茄装在浅筐、木箱、塑料箱或纸箱等容器中,装六成满,要做好消毒、预贮和管理等环节的工作。贮藏前,可首先用1%~5%漂白粉或0.5%过氧乙酸对包装容器以及贮藏室进行喷雾消毒。然后把在通风阴凉处经过8~12小时预冷的绿熟期或微熟期的番茄装

入容器,入窖后平放在地面上或码成 2～4 箱高,底层箱下垫枕木,箱间要错开放。或将果实直接堆放在货架上,不要堆放太高,以利于通风散热并防止压伤,每层架放 2～3 层果,每 3～5 天翻拣 1 次,剔除腐烂果实,或挑选出已成熟转红的果实陆续供应市场。该方法一般可贮藏 20～30 天,作为调节市场余缺和处理夏季倒茬拔秧时最后 1 次采收的果实的措施。在机械冷藏库内,维持温度在 10℃ 左右,番茄的贮藏期可延长到 60 天左右。

③气调贮藏。目前,气调贮藏已成为番茄常用的贮藏方法,有快速降氧法和自然降氧法 2 种。快速降氧法是把选好的绿熟番茄装箱或装筐,运入窖内或通风贮藏库内,堆码成垛,用塑料帐封闭,每帐贮放量一般放不过 2000 千克,采用抽气充氮措施快速降氧,把氧气和二氧化碳浓度调整到 2%～5%。快速降氧后,气体成分适宜,但温度不一定合适。若无制冷设备,应采用通风库的管理方法,适时通风换气,尽可能将温度控制在 10～12℃。按上述方法贮藏 45 天后,好果率可达 85% 以上。自然降氧法是利用番茄自身的呼吸作用使氧浓度逐渐降至 2%～5%。筐贮的番茄入帐后,往往需 2～3 天才能使氧浓度降低到 2%～5%。因此,其贮藏期比较短,一般贮存 30 天左右,好果率仅有 50%～60%。气调贮藏番茄时,帐内湿度高,有利于微生物活动,易引起番茄腐烂。其防止方法是:帐内放入适量吸湿剂,如氯化钙、硅胶、生石灰等,以降低帐内空气的相对湿度,并配合使用化学药剂消毒。如事先用漂白粉或过氧乙酸对包装材料进行消毒,在帐内每隔 3～4 天用氯气消毒 1 次,或将 0.5% 过氧乙酸置于盘中,放在塑料帐内。

④保鲜膜贮藏。先制备涂料,再将涂料涂抹或浸涂在番茄表面,干燥后便形成一层薄薄的无色防腐膜,能起到良好的保鲜作用。具体操作方法是:以 10000:0.75 的比例将蔗糖脂肪酸或油酸钠溶解到水中,加热到 60℃ 后再加入 2 份酪蛋白酸钠,并加入 15 份在 60℃ 氢化的椰子油,同时以 5000～6000 转/分钟的转速搅拌混合,制成涂膜

的乳化液,用此涂料涂抹在番茄表面上,将番茄晾干后贮藏,保鲜效果较佳。

另外,利用塑料大帐结合硅窗自动气调贮藏秋番茄,效果也较好。还有田间叶面喷钙法,对提高番茄的耐藏性也有一定的效果,其中以0.6%硝酸钙处理叶面效果最佳。

3. 黄瓜

黄瓜又名"胡瓜"、"王瓜"。供食用的是幼嫩果实,含水量很高,质地脆嫩。黄瓜采摘后在常温下极易褪绿转黄,头部因种子发育而逐渐膨大,尾端组织失水萎缩而变糠,瓜变成棒槌状;味道变酸,品质明显下降。尤其是刺瓜类型,瓜刺易被碰掉,形成伤口流出汁液,从而感染病菌引起腐烂。因此,黄瓜在贮藏中极易成熟、衰老、变质和腐烂。

(1)黄瓜的贮藏特性、品种与成熟度

①贮藏特性。黄瓜原产于热带地区,是一种冷敏性较强的果实,温度低于10℃时,易出现冷害;冷害初期瓜面上出现凹陷斑和水浸斑,黄瓜的头部尖端最为敏感,随后整个瓜条上凹陷斑变大,瓜条脱水萎缩、变软,易受微生物侵染而腐烂。黄瓜的冷害症状一般在低温下不表现出来,而在常温销售过程中,黄瓜瓜条迅速长霉腐烂。黄瓜的低温冷害与贮藏温度、湿度密切相关,见表5-3。

表5-3 黄瓜的低温冷害与贮藏温度、湿度的关系

温度(℃)	相对湿度(%)	萎蔫率(%)	凹陷斑	温度(℃)	相对湿度(%)	萎蔫率(%)	凹陷斑
3.9～5.5	50～60	7.69	严重	9.4～10.0	50～55	9.4	轻微
	79～88	3.75	轻微		81～90	3.29	无
	95～100	0.85	无		90～100	1.05	无

注:贮藏期为7天。

相对湿度越低,凹陷斑越严重。秋黄瓜的贮藏温度可低于10℃,有的可耐8℃低温,甚至在2～3℃低温下,仍可收到较好的贮藏效

果。黄瓜在高于15℃的环境下,迅速转黄老化。因此,黄瓜的贮藏适温为11～13℃。黄瓜含水量高,组织保护性差,采后极易失水萎蔫,故要求贮藏室内的相对湿度不低于95%。

黄瓜对乙烯极为敏感,贮藏环境中1毫克/升乙烯即有较强的催老、黄化作用。因此,贮藏、运输中易释放乙烯的果蔬如番茄、苹果、梨等不能与黄瓜放在一起。据报道,气调贮藏中的低氧和高二氧化碳可促使冷害加重,因此,气调贮藏中,氧浓度为2%～5%、二氧化碳浓度为2%～5%时,贮藏温度比普通冷藏提高0.5～1℃,即贮藏温度可以稍高于13℃。

②品种与成熟度。不同品种、不同成熟度的黄瓜的耐藏性有明显的差异。一般瓜皮较厚、颜色深绿、果肉厚、表皮刺少的黄瓜比较耐贮藏,而瓜条小、皮薄、刺多的黄瓜不耐贮藏。在同一品种中,以未熟期采收的(授粉后8天采收)瓜条贮藏效果最佳,其次是适熟期(授粉后11天采收)的瓜条,而过熟期(授粉后14天采收)的瓜条不适宜贮藏,因其极易衰老变黄,失去商品品质。综合产量、产值、风味品质和营养等分析,应选择成熟度适中、丰满健康的绿色瓜条贮藏。秋季用作贮藏的黄瓜,播种期应比一般秋黄瓜稍推迟一些。这样采收时气温较低,以便利用自然低温进行贮藏。但是采收不能过晚,以防气温过低,黄瓜遭受冷害,受冷害的黄瓜不耐贮藏,易腐烂变质。用于贮藏的黄瓜应是瓜条碧绿,顶花带刺,一般选择生长在植株中部的"腰瓜",这类瓜瓜条直、品质好、耐贮藏;而生长在植株下部、接近地面的"根瓜",瓜身常弯曲,瓜条与地面接近,易带病,不能用于贮藏;瓜秧顶部的黄瓜,营养不充分,品质较差,也不宜贮藏。采收宜在清晨进行,最好用剪刀将黄瓜带柄剪下。

(2)黄瓜的贮藏方法

①缸藏。将缸洗干净,用0.5%～1%漂白粉或0.2%次氯酸钠消毒,缸底放入15厘米左右深的清水,用于保持和增加湿度,在离水面7～10厘米处,放上木板钉成的"十"字架或"井"字架,上面放竹帘

或草帘等隔置物。将预冷后的黄瓜果把朝外沿着缸的周围码放,码放到距缸口10厘米左右为止,缸中央留有空隙,以便散热和检查。然后用牛皮纸将缸口封严。将缸置于室内,放于地面或一部分(1/3～1/2)埋入地下,前期注意防热,并经常检查。如果在黄瓜采收前2～3天向黄瓜喷洒1次杀菌剂,贮藏效果会更好。

②通风库贮藏。在秋、冬季节可以用通风库贮藏黄瓜,贮前用硫黄、克霉灵等消毒库房,然后用0.3毫米厚的聚乙烯塑料袋装1～2千克黄瓜,折口后放在架上。也可将黄瓜码在架上,上、下分别铺盖一层塑料膜保湿。待装箱码垛后,用0.06～0.08毫米厚的塑料膜做成帐子,罩在垛上,将四周封严。当氧浓度低于5%、二氧化碳浓度高于5%时,开帐通风换气。入贮时要对黄瓜进行严格挑选,贮藏中尽量保持所要求的温度与相对湿度。此外,还要经常抽样检查,以防黄瓜腐烂,造成损失。塑料帐内应加入乙烯吸收剂。

③水窖贮藏。在地下水位较高的地区,可挖水窖保鲜黄瓜。水窖为半地下式土窖,一般深2米,窖内水深0.5米,窖底宽2.5米,窖口宽3米,窖底稍有坡度,较低的一端挖一个深井,以防窖内积水过深。窖的地上部分用土筑成厚0.6～1米、高约0.5米的土墙,上面放置木椽。顶上开2个天窗通风。靠近窖的两侧壁用木条、木板做成贮藏架,将黄瓜码在架子上,中间用木板搭成走道,供操作人员检查或黄瓜出贮时使用。

④冷库冷藏。黄瓜采摘后,剔除病、伤、残果,装入筐或箱中,及时运到冷库中,敞开箱口,在12～13℃温度条件下预冷24小时。然后在库内将黄瓜装入小保鲜袋中(每袋装1～2千克),同时加入保鲜剂及防腐剂,松扎袋口或挽口后再装入包装箱中(若直接放在贮架上最好扎口)码垛,在11～12℃的温度条件下贮藏即可。

4.蒜薹

蒜薹是大蒜的幼嫩花茎,它是由薹茎和薹苞两部分组成。蒜薹

第五章 典型果蔬贮藏保鲜实用技术

含有丰富的营养物质,含粗蛋白质10%,糖6%,维生素C 250毫克/千克,钙200毫克/千克,磷450毫克/千克,并且富含杀菌力极强的大蒜素。蒜薹是一种深受人们喜爱的蔬菜品种。

(1)蒜薹的贮藏特性、采收与贮前处理

①贮藏特性。采后的蒜薹新陈代谢旺盛,呼吸强度较大,采收时期在4月下旬至5月初,此时期内气温逐渐升高,一般采收10~15天后蒜薹即膨大或散开,薹茎失绿变黄、发糠成纤维化,从而失去食用价值和商品价值。因此,蒜薹必须采取低温气调贮藏,并认真做好贮藏前的准备工作。蒜薹适宜的贮藏温度为-0.5~0℃,相对湿度为90%~95%,气体组成为氧浓度2%~3%、二氧化碳浓度6%~8%。气体伤害的临界值为氧浓度低于1%,二氧化碳浓度高于16%。当气体组成超过临界值时容易造成二氧化碳伤害,薹条上出现不规则的黄斑,严重时腐烂。低温加气调,不仅能抑制蒜薹呼吸代谢,而且能抑制其生长。蒜薹一般能贮藏4~10个月。

②采收。蒜薹的采收期大致在花芽分化后40~45天,蒜薹苞下部变白,蒜薹的花轴向一旁弯曲打钩时即为收薹适期。蒜薹采收过早则产量低,采收过晚则易老化,品质变劣,并影响蒜头的生长发育。在采收前7~10天停止灌水,以提高蒜薹的韧性,减少断薹率。抽薹时间宜选在晴天下午,此时蒜薹体内膨压下降,假茎松软,蒜薹韧性增强,容易抽出。选择无病虫害的原料产地,采收时用手拔出蒜薹后,将蒜薹放在竹筐或塑料筐等不易损伤薹条并有利于通风的包装容器内,避免暴晒、雨淋,迅速运到预冷场所。

③贮前处理。

• 灭菌。蒜薹入库前,按10克/米^{3}的用量在蒜薹贮藏库中燃烧硫黄熏蒸,或用1%~2%福尔马林喷洒地面。进行熏蒸灭菌时,可将各种容器、架杆等一并放在库内,密闭24~48小时,再打开通风系统,排尽残药。

• 挑选、分级与整理。对不同产地、不同批次、不同等级的蒜薹,应分别码放在预冷间或阴凉通风处散热。将符合质量要求的蒜薹苞对齐后,用塑料带捆在距薹苞3~5厘米的薹基部位上,每捆0.5千克或1.0千克。

• 预冷。将整理后的蒜薹当天称重,上架预冷,待其温度稳定在0℃时,即可装袋贮藏。

• 防霉处理。蒜薹贮藏期间,薹梢易发生霉变腐烂,可在入库预冷后装袋前,应用防霉烟雾剂(或液剂)处理蒜薹。长期贮藏时可在9月底到10月初进行2次处理。

(2)蒜薹的贮藏方法 蒜薹易脱水老化和腐烂,在常温下只能贮存20~30天,而在0℃的低温下可贮藏半年左右。蒜薹的贮藏场所应预先进行消毒处理。

蒜薹的贮藏保鲜方法主要有:

①塑料袋冷藏。蒜薹可采用塑料袋小包装冷藏,控温贮藏,若在薹梗基部浸以赤霉素,则贮存时间可相应延长。方法是:将加工后的蒜薹蘸以50毫克/千克赤霉素,每15~20千克一捆放入0.07毫米厚的聚乙烯袋中,再将袋子置于贮菜架上码好,架宽以能码2袋为宜,架子每层为两袋半高,将薹梢向外、基部向内对码,进行长期贮藏。贮藏蒜薹要求库温控制在0℃左右。贮藏中可用奥氏气体分析仪抽样检查,如果袋内氧气降至1%以下或二氧化碳浓度超过15%,就应开袋放气。如无气体分析装置,也可根据袋内气味和蒜薹生理变化加以处理:如嗅到芳香味或微酒精味,可以适当开口换气;若嗅到浓酒精味,表明蒜薹严重缺氧,应打开袋口,延长通风换气时间;如发现霉烂变质的蒜薹要及时取出,以防病菌传播蔓延。

②塑料帐贮藏。先将长约6米、宽约15米、厚约0.2毫米的塑料膜铺在库内地面,摆上贮菜架。将加工挑选好的蒜薹上架预冷3~4天,扣帐前一天将重量为蒜薹重量5%的氢氧化钙撒在塑料膜上,当蒜薹体温和库温平衡时即可扣帐封严。贮菜架高2~3米,长约5.7米、宽约1.2米,一般分7层,每层间距50厘米左右,可贮蒜薹

第五章 典型果蔬贮藏保鲜实用技术

3000千克左右。然后将帐内气体抽出一部分,使塑料膜紧贴菜架,充入工业氮气,使帐内氧浓度迅速降至5%;若帐的容积为6米^3,要在帐内放1000毫升氮气;也可加入仲丁胺防腐。在正常的贮藏条件下,1～2天测调1次,测定帐内氧浓度和二氧化碳浓度,待二氧化碳浓度上升后,根据气体指标变化及时更换氢氧化钙,使帐内气体组成维持在氧气为2%～5%,二氧化碳为0～8%。用这种方法贮藏的蒜薹质量好,最佳的情况可以贮藏9个月不开帐,贮藏温度以保持在0.5～1.5℃为宜。

③蒜薹的硅窗袋贮藏。硅窗袋是在聚乙烯塑料上嵌加一定面积的具有交换气体能力的聚二甲基硅氧烷基橡胶包装袋。选择质量好的蒜薹,解开蒜薹的辫梢,经充分预冷后,装入袋中,每袋装25～30千克蒜薹,开窗面积约为121.5厘米^2(规格一般为13.5厘米×9厘米)。蒜薹入袋后,及时进行1～2遍认真的检查,以防漏袋,接着倒扣硅窗袋,硅窗口朝上放置,置高温冷库中贮藏。贮藏期内应严格控制库温在0～0.5℃,相对湿度为90%～95%,要定期进行气体组成的检测。蒜薹采用此法可贮藏半年以上,整个贮藏周期一般不用开袋换气。

④普通袋气调贮藏。经预冷温度稳定在0℃时,将蒜薹薹梢向外,码放在贮藏架上的保鲜袋内,扎紧袋口密封贮藏。操作时应注意:保鲜袋使用之前应先检查是否漏气,以免影响贮藏质量;每袋应按保鲜袋规格标准容量装入蒜薹,不可过多或过少,以免造成气体不适;为了便于测气,可在靠近袋口处或扎口时安上取气嘴,不同库房、不同部位、不同产地、不同批次的蒜薹均应设代表袋测气(每个测气处理不少于3个重复);装袋时应戴手套,专人上架装袋,薹条理顺整齐,薹苞要与架沿平齐,薹梢松散下垂,袋口与蒜薹梢要留出空隙,扎口要紧,以防漏气。

贮藏期间要严格控制稳定的低温和适宜的湿度。库温以-0.5～0.5℃为佳,要尽量防止出现较大的波动。靠近冷风机、冷风嘴的蒜薹要用棉被或麻袋进行遮挡,防止受冻。库内相对湿度保持在90%左右为宜,以利于保鲜袋适当渗透袋内过多的湿气,不至于产生太大的干耗。定期测定袋内气体浓度并检查贮藏情况,根据气体指标的要求开袋换气,每次换气2~3小时。将袋内气体与大气充分交换后,袋内残留的二氧化碳浓度不得高于1%。

(3)蒜薹的贮藏期限 在确保实施以上各项技术要求的情况下,一般贮期为20~40周。若达不到以上技术条件要求,将会引起损害。损害的现象及防治措施见表5-4。

表5-4 蒜薹贮藏过程中易出现的损害及防治措施

损害的现象	引起损害的原因	防治措施
蒜薹包装袋内酒精味较浓	缺氧或二氧化碳浓度过高	调节气体成分
蒜薹僵硬,呈墨绿色,严重时表皮组织起泡	温度过低,长时间温度低于冰点所致	缓慢解冻,解冻后,冻害严重的不能继续贮藏,若受轻微冻害,解冻后仍可以贮藏
蒜薹苞发黄,薹茎发黄发糠,并有霉变发生	温度偏高、不稳定或氧含量过高	加强温度管理,控制气体成分,查补漏气处
薹苞膨大、腐烂	温度过高或长期高氧促使呼吸加强,后期由于湿度大,凝结水多	控制气体成分,及时检查包装,并降低温度至适宜标准
霉菌感染引起蒜薹腐烂	库房、包装等灭菌不彻底,或蒜薹田间带菌	酌情去掉长霉部分,加强温湿度管理
死薹苞,薹茎出现凹陷、病斑、断条	成熟度偏低,长期缺氧或高二氧化碳	调节气体成分,积极组织销售

5.芹菜

芹菜属于伞形花科二年生浅根性植物。芹菜种植成本低,产量高,并且含有丰富的矿物质、维生素等营养物质,其叶和根可用于提炼香料。芹菜有降低血压、健脑、消肠、利便的作用。

(1) 芹菜的贮藏特性、品种与采收

①贮藏特性。芹菜性喜冷凉湿润,耐寒性次于菠菜,贮藏适宜温度为-2~-1℃。温度过低时,菜叶和根部易受冻,叶冻成暗绿色,根部受冻后,解冻也不能恢复新鲜状态,所以芹菜适宜于微冻贮藏或假植贮藏。芹菜属于叶菜类蔬菜,呼吸旺盛,水分蒸发快,极易脱水萎蔫,所以在贮藏期间要保持适宜的相对湿度。

②品种。芹菜分为实心品种和空心品种2类。每一类又有青芹和白芹,一般实心青芹的耐寒力强,最适宜贮藏。

③采收。由于芹菜的耐寒力不如菠菜,为避免冻害,采收期应适当提前,因此贮藏的芹菜应早些播种。采收前要适当浇水,当芹菜地干湿适宜时,将芹菜连根拔起,去掉黄枯烂叶,选择叶梗鲜绿、生长健壮、无病虫害、无冻伤的芹菜,捆成1~1.5千克的菜把。芹菜采后应及时放入-2~0℃的冷库中预冷24~48小时,使菜体温度尽快降到0℃左右。

(2) 芹菜的贮藏方法

①假植贮藏。一般先挖假植沟,沟宽0.7~1.5米,深0.7~1.3米,长度不限。将芹菜带土铲下,以单株、双株或成簇假植于沟内。然后灌水淹没根部,以后根据土壤干湿程度可再灌水1~2次,这样既可降温,又便于通风散热。为便于沟内通风散热,每隔1米左右,在芹菜间横架一束秫秸把,或在沟帮两侧按一定距离挖直立通风道。沟顶应盖草帘,并随气温下降逐渐增加覆土,堵塞通风道。贮藏期间要维持沟温在0℃左右,勿使芹菜受热伤或受冻。

②气调贮藏。芹菜适宜的气体条件为氧浓度2%~3%、二氧化碳浓度4%~5%。在此条件下可以抑制芹菜贮藏过程中叶绿素和蛋白质的降解。将叶梗鲜绿、生长健壮、无病虫害的实心或半实心芹菜,带3厘米左右的短根采收后及时运到冷库,进行加工挑选。摘除黄叶、伤叶,将色泽正常的健壮植株捆成1~1.5千克的小捆,摆放在库内货架上,在0~1℃下预冷24~48小时。当菜温降到0℃时,开

始装入聚乙烯膜袋,每袋装 13~15 千克芹菜,松扎袋口。然后将袋子摆放在菜架上,不要互相挤压,维持库温在-2~0℃,贮至 50~60 天时抽样检查,发现芹菜叶变黄或出现水烂时,及时加工修整。一般贮藏 3 个月时,商品率在 90%左右。

③植物激素处理贮藏。赤霉素、苄基腺嘌呤能延迟或抑制叶绿素降解,延缓叶片衰老。如用 30~50 毫克/升的赤霉素于采前 1~2 天对大棚芹菜进行田间喷株或采后当天至次日在室内喷株,晾去表面水滴并同时预冷至菜温达 0℃,装入薄膜袋中,松扎袋口,在-2~0℃下贮藏 3 个月,商品率可达 95%。

④甘油处理贮藏。把芹菜置于 60%的甘油内浸渍 2 小时,用机械方法除掉多余的甘油,再进行空气干燥。复原时用常温水置换芹菜中的甘油。若鲜芹菜的脆度是 100,那么经过上述方法处理的芹菜脆度为 80 左右,用冷冻干燥处理的芹菜脆度只有 70,而且比甘油处理的成本还要高。

⑤芹菜的冻藏。冬季不太寒冷的地区,常在风障北侧建地上式冻藏窖,窖的四周用夹板填土打实,填土厚 0.5~0.7 米,窖高约 1 米,窖底挖若干通风沟,通风沟的一端与南墙正中上下方向的通风筒相通,另一端穿过窖底在北墙外向上开口,形成一个完整的通风系统。

窖底铺秫秸和细土,把芹菜捆成 5~10 千克的大捆,根向下斜放窖内,装满后在芹菜上覆一层细土,使叶子似露未露,初期白天盖草帘,夜间揭开,以防窖内温度过高。随着天气转冷,分次覆土,总厚度为 20~30 厘米。严冬季节堵塞北边的通风口,使窖内温度保持在-1~2℃,以菜叶上呈现白霜、叶柄及根系不受冻害为宜。

芹菜的解冻方法与菠菜相似,可取出芹菜放在 0~2℃的条件下缓慢解冻,恢复新鲜后上市。也可以在出窖前 5~6 天拔出防风障,改设在北面。在窖面上扣上薄膜,芹菜化冻一层铲除一层,最后留一层薄土,使窖内芹菜缓慢解冻,这种方法损耗小。各地可根据当地气候条件灵活掌握。

6. 花椰菜

花椰菜又称"花菜"和"菜花",有白色和绿色2种,绿色的又叫"西兰花",属于十字花科一年生或二年生植物。花椰菜的食用部分是花球,其风味鲜美,粗纤维少,营养价值高。

(1)花椰菜的贮藏特性、品种与采收

①贮藏特性。花椰菜组织脆嫩,在收获、贮藏、运输过程中易受机械损伤,极易导致花椰菜在贮藏、运输中出现污点和腐烂。因此,采收时宜保留2~3枚轮叶片,以保护花球。花椰菜在贮藏中易松球、褐变。花椰菜具有喜凉爽、潮湿和怕闷热的特性,贮藏适宜温度为0~0.5℃,温度低于-0.77℃时,会造成冻害。适宜空气相对湿度为90%~95%。花球在贮藏期间有明显的乙烯释放,这是花椰菜衰老变质的重要原因之一。

花椰菜在贮藏过程中的品质变劣,主要表现为花球变黄、变暗、松散,出现褐色斑点及腐烂。除机械损伤以外,黑斑病易造成褐色斑点,其防治方法是用浸过克霉灵和50%仲丁胺或仲丁胺衍生物溶液的棉球熏蒸约24小时(每10千克花菜用药量为1毫升),或用0.15%托布津溶液浸蘸花椰菜基部,晾干后再进行贮藏,可有效地抑制黑斑病的发生。如用0.15毫米厚的塑料袋单株套袋贮藏效果更好。

②品种。适合花椰菜春季栽培和秋季栽培的品种不同,花椰菜贮藏要选用秋季栽培的晚熟耐贮藏品种,如瑞士雪球等。

③采收。由于在贮藏期间,外叶中积贮的养分能向花球中转移而使花球继续长大充实,因此可将尚未长成的花椰菜连根带叶采收,进行贮藏或窖藏,既可贮藏保鲜,又能提高产量和增进品质。花椰菜花球的成熟在植株个体之间很难一致,应分期采收,其成熟的标志是花球充分长大,表面圆正,边缘未散开。采收时带几片叶子砍下,这

样有利于保护花球,便于花椰菜的包装、贮藏和运输。贮藏用的花椰菜适宜早采,七八成熟时采收最好。

(2)花椰菜的贮藏方法

①假植贮藏。在立冬前后利用棚窖、贮藏沟、阳畦等贮藏场所,在土壤保持湿润的情况下,把尚未成熟的幼小花椰菜连根带叶收获进行假植贮藏。用稻草等捆绑包住花球,适当进行防寒、通风和灌水处理,贮藏场所应稍有光线。入贮时只有鸡蛋大小的花球,到春节时可增大至直径为7~10厘米的花球(重0.5千克左右),所以带叶假植贮藏能提高花椰菜的产量和品质。

假植贮藏管理简单,一般假植前在沟内或阳畦内施些肥料,假植后随时浇水,上面加些覆盖物;入贮后如果温度过高,花椰菜的叶上就会出现黑斑或黑霉,要及时通风降温;如果花椰菜萎缩不长,甚至叶上有水珠出现,说明温度偏低,就应加厚覆盖物,提高温度,促进花球生长。

②冷库贮藏。机械冷库是目前贮藏花椰菜较好的场所,冷库内能调至适宜的温度,在冷库内可对花椰菜进行装筐贮藏、架藏、单花球套袋贮藏等。

• 装筐贮藏。为了防止叶片在贮藏中黄化或脱落,装筐前用500毫克/千克2,4-D溶液蘸根部,然后在阴凉处晾12~14小时即可装筐,或将花椰菜放在苇席上,先向花球喷洒3000毫克/千克多菌灵或托布津,晾干后再装筐。这两种防腐处理方法,都有减轻花椰菜腐烂的效果。

将经过处理的花椰菜根部向下码在筐中,最上一层花椰菜低于筐沿5厘米左右,将筐以"品"字形的码垛方式堆码于冷库中,控制温度在-0.5~0.5℃,相对湿度为90%~95%,并每隔20~30天倒筐1次,将脱落及腐败的叶片摘除,并将不宜久放的花球挑出上市。

• 架藏。在冷库内搭成菜架,每层架杆铺上塑料薄膜,花椰菜放在薄膜上(花椰菜防腐处理如前述)。为了保湿,可在菜架四周罩上塑料薄膜。但帐边不封闭，留有自然开缝，便于通风换气。

• 单花球套袋贮藏。用0.015～0.04毫米厚的聚乙烯塑料薄膜制成30厘米×35厘米大小的袋子，将经过防腐处理并预冷的花球装入袋内，然后折口、装筐（箱）、码垛或直接放在菜架上。贮藏期为2～3个月。花椰菜出库后连袋一同出售，方法简便，成本低廉，保鲜效果好。

③气调贮藏。将经过防腐处理、预冷的花椰菜装入筐内，把花椰菜筐码垛后用塑料薄膜封闭，控制氧浓度在2%～4%、二氧化碳浓度在3%以下，能取得良好的保鲜效果。入贮初期，由于塑料帐内的花椰菜散发热量，使帐壁上凝结许多水滴，为防止凝水洒落到花球上引起霉烂，封闭薄膜帐时，帐顶需设法支撑成弧状。为了吸收花椰菜在贮藏期释放的乙烯，在封闭帐内放置适量的乙烯吸收剂，这样既对外叶有较好的保绿作用，又可保持花球洁白。

④消毒纱布围藏。将处理好的花椰菜根部向下堆放在菜架上，然后用经约0.33%福尔马林溶液消毒的白纱布将菜架四周覆盖围严。这样处理既可增加贮藏环境中的湿度，减少花椰菜水分的蒸发，又能防止霉菌侵入，减少花椰菜腐烂变质。覆盖用的白纱布应隔天消毒1次，消毒时将纱布全部浸入0.33%福尔马林溶液中泡5分钟左右，然后沥干至不滴水再用。

上述贮藏方法是针对白色花椰菜而言的，绿色花椰菜的生活习性及对贮藏条件的要求基本相似。

①绿色花椰菜的贮藏特性。绿色花椰菜嫩茎中心部位最嫩，花对低温非常敏感，受冻后颜色变褐、味变劣。小花和花梗的冰点在 $-1℃$ 左右，因此贮藏温度不宜低于 $-1℃$。但是当温度高于4.4℃时，小花即开始黄化。黄绿色花椰菜的风味质地不良。绿色花椰菜于八九成熟时采收，修剪基部（保留2～3片轮叶）后，摆放装箱，运输至冷库内，在0～1℃下预冷20～24小时。在库内采用烟熏或熏蒸方式进行防腐处理，并喷洒60毫克/千克茶多酚溶液，以防褪绿黄化。

经防腐保绿处理以后,采用库内单花球套袋法包装,即用0.015~0.04毫米厚的塑料薄膜,制成30厘米×35厘米的袋子,单个包装绿菜花,挽口后装入箱内,以"品"字形码垛后,在-0.5~0.5℃条件下贮藏,贮藏期为2~3个月。

由于绿色花椰菜受乙烯影响后极易黄化,所以应禁止与苹果、梨、番茄等混贮混运。为了保持绿色花椰菜的鲜嫩品质,绿色花椰菜的贮藏、运输和销售期间适于加冰包装保鲜。

②绿色花椰菜的贮藏方法。目前生产上大量进行绿色花椰菜商业贮藏的比较少,一般是在长途运输中保鲜或是短期(7~10天)贮藏,其贮藏办法是用黑色塑料袋包装贮藏。据报道,用茶多酚抗氧化剂处理的绿色花椰菜,装入黑色聚乙烯薄膜袋中扎口贮藏,在常温下能延迟4~6天转黄,而未经处理的花蕾,其生理代谢十分旺盛,常温下1~2天便褪绿黄化。

7.莴苣

莴苣属于菊科一年生或二年生植物,原产于地中海沿岸。莴苣有叶用莴苣和茎用莴苣2种。前者宜生食,故又称为"生菜";后者又名"莴笋",可生食、熟食、腌渍。莴苣中含有较多的胡萝卜素、糖、有机酸、甘露醇、蛋白质及莴苣素等。生菜对高血压、心脏病、肾脏病都有食疗作用。中医认为生菜性味苦、甘、凉,可治小便不利、尿血、乳腺不通等症。莴苣素有苦味,有催眠镇痛作用,对预防神经衰弱颇有帮助。

(1)莴苣的贮藏特性与采收

①贮藏特性。莴笋的食用部分为肥大的花茎基部,叶互生于短缩茎上,生理活动旺盛,较易衰老腐烂。莴笋在0~3℃低温下有较好的贮藏效果,相对湿度为95%左右、二氧化碳浓度为10%~20%、氧浓度为2%的条件对褐变有一定的抑制作用。莴笋能耐受较高浓度的二氧化碳。一般贮藏期为30天。

②采收。莴笋较生菜适应性强,春、秋两季均可栽培。莴笋在相对生长率达到最高峰后 10 天左右即达到采收适期。华北、华中地区 9~10 月播种育苗,初冬定植,4~5 月收获;而在冬季比较暖和的地区,较大的植株在冬季可继续生长,1 月前后便可采收。贮藏用的莴笋要适时采收,不能空心、抽薹。

(2)莴苣的贮藏方法

①假植贮藏。用作阳畦假植贮藏的莴笋,应有足够的生育期,所以不能采收过晚。收获时连根拔起,稍作晾晒或在背阴处短期预贮。贮藏前先挖南北向的假植沟,宽 1~1.3 米、深 0.8 米左右(地下 0.5 米、地上 0.3 米)。选择无病害、无损伤、未抽薹的健壮莴笋,剥除外叶,留顶端 7~8 片叶,假植于沟内,并覆土埋没莴笋 2/3,然后扶正、踏实。假植时株间应留空隙,行间保留 10 厘米左右的行距,以利于通风。假植完毕,在沟顶覆盖蒲席或秫秸,夜间揭开放风,天冷时增加覆土。在贮藏期间要加强管理,控制温度在 0℃ 左右,及时上市,严防冻害。一般可贮藏 70 天左右。

②冷藏。采用高级真空预冷设备将莴笋置于密闭容器中,然后降低容器中的压力,使莴笋在 20~30 分钟内由 20℃ 降到 2℃,处理后的莴笋可延长贮藏期 20 天左右。

此外,在冷藏库内用薄膜袋封闭贮藏莴笋,有一定的保鲜效果。用作贮藏的莴笋,应适当去掉下部叶片。当莴笋去掉叶片时,叶痕处会有许多白色汁液流出,褐变现象的发生与此有关;有时采收时的机械损伤及节间处也会有褐变出现。将去叶后的莴笋立即用水冲洗茎部,沥干后用 0.03 毫米厚的薄膜袋密封包装,每袋 3~5 个,装筐或装箱,并立即置于 0~3℃ 温度条件下,贮藏 25 天后,好菜率可达 98%,叶子鲜绿,叶痕处只有轻微褐变,外观及鲜度良好。

8. 胡萝卜

胡萝卜是营养价值较高的一种蔬菜,喜冷凉多湿的生长环境,其适应性强,病虫害少,栽培容易,产量高。其食用部分以膨大的肉质根为主,肉质根主要包括次生木质部和次生韧皮部薄壁组织,富含水分、糖分和其他营养成分。

(1)胡萝卜的贮藏特性、品种与采收

①贮藏特性和品种选择。胡萝卜在我国各地都有栽培,是重要的冬贮菜之一。胡萝卜没有生理休眠期,在贮藏期中遇有适宜条件便会萌芽抽薹,使薄壁组织中的水分和养分向生长点转移,从而造成糠心。另外,在贮藏过程中,蒸腾作用和呼吸作用的加强也是造成糠心的因素之一。萌芽和糠心不仅使胡萝卜肉质根失重,糖分减少,而且使其组织绵软,风味变淡,品质降低,所以糠心和萌芽现象是决定其贮藏品质和贮藏期限的主要标志。胡萝卜的贮藏环境的温度为$1\sim3℃$,相对湿度为$90\%\sim95\%$。另外,从胡萝卜的组织特点来看,其细胞和细胞间隙都很大,因而具有高度的通气性,能忍受较高浓度的二氧化碳(8%),这与其肉质根长期生活在土壤中产生的适应性有关。通常皮色鲜艳、根细长、根茎小、心柱细的品种耐藏,如鞭杆红等品种较耐贮藏。

②采收。适时采收对胡萝卜的贮藏至关重要,为能适时采收,必须保证适时播种。采收时一般采用铁锹或锄头挖刨,为防止损伤,挖取胡萝卜时坑应挖得深些。收获时随即拧去缨叶,就地堆积成小堆,用菜叶覆盖胡萝卜,以防风吹日晒。

(2)胡萝卜贮藏期的病害及防治 胡萝卜在贮藏中发生的病害,主要有从田间带入的潜伏病菌侵害和贮藏中皮层受伤或冻害2类,如白腐病(即菌核病)菌和褐斑病菌等。防治病害时,一方面应做好田间病害防治工作,避免胡萝卜遭受机械损害和受冻;另一方面应进行必要的防治措施,如用2%山梨酸溶液浸洗或喷涂胡萝卜,在产品上撒$1\%\sim1.5\%$白土粉,提高贮藏环境的二氧化碳浓度至7%等。

(3)胡萝卜的贮藏保鲜方法

①窖藏。若胡萝卜采收后气温尚高,不宜立即入窖贮藏,而应进

第五章 典型果蔬贮藏保鲜实用技术

行预贮。其方法是:选择没有病虫害和无损伤的胡萝卜,堆放在窖的附近,每堆150千克左右,根据气温变化,适当覆土。在霜降后入冬前入窖,先在窖底铺一层7~10厘米厚的湿细沙,每铺一层胡萝卜撒一层沙,先堆积33厘米高,经3~4天散热后,再堆至约1米高,最后一层覆盖25厘米左右厚的湿沙。在窖内或通风库内也可堆码成方形垛或圆形垛。贮藏初期因室内温度高,可以先码成空心垛,进行通风散热。堆高宜在1米左右,在贮藏中不需倒动,立春后可视贮藏状况进行全面检查,气温高于3℃时容易发生发芽、糠心和腐烂等现象。

②简易气调贮藏。在简易冷库里,采用薄膜半封闭的方法贮藏胡萝卜,在0℃左右条件下,贮藏7个月后,质量基本不变,总损耗仅为1%左右,基本上可做到新老产品的接头。具体做法是:选择小顶、根直、颜色鲜艳的优良品种用作贮存。入库前切除缨子和茎盘,剔除病伤、畸形块根,为防止胡萝卜腐败,可将根块放在0.01%磷酸钠溶液中浸渍处理。将经处理加工挑选的胡萝卜码放在冷库地面上,垛成长2米、宽1米、高1米左右的长方形堆,每垛1000千克左右。散热预贮一段时间,当库温和垛内温度降至0℃时即可封闭。塑料帐封闭时间不宜过早,帐四边用土压住,堆底不铺薄膜。

贮藏期间的温度控制很重要,为节省贮藏费用,在入库初期,可利用夜昼温差,用门、窗、地道调节降温;在贮藏中期(12月至翌年2月),因外界气温很低,易遭冻害,故要注意防寒保暖;3月以后,气温上升,须及时开动制冷机,确保库内温度稳定在0℃。半封闭帐藏同样具有自然降氧、累积二氧化碳、保持高湿的作用。在0℃低温下,胡萝卜的呼吸作用很弱,当封闭1.5~2个月后,帐内氧才达6%~8%,二氧化碳达10%,此时开帐通气,同时进行质量检查和挑选剔除腐烂块根,余下的继续贮藏。用该法贮藏的胡萝卜皮色鲜艳,质地脆嫩。贮至翌年6~7月保鲜效果仍较好。胡萝卜贮藏时应注意,因乙烯能使胡萝卜变苦,所以不能与苹果或梨等混贮。胡萝卜自身产生的乙烯极少,不易使其变苦。

9. 萝卜

萝卜喜冷凉多湿的环境条件。萝卜的肉质根主要是由根的次生木质部薄壁细胞组成，富含碳水化合物、维生素、矿物质，可调节人体生理机能、促进健康。另外，萝卜中的淀粉酶和芥辣油等营养成分有顺气消食、散淤解毒、止咳化痰、滋补五脏等功效，是人们喜爱的健康食品。

(1) 萝卜的贮藏特性、品种与采收

①贮藏特性。萝卜没有生理休眠期，在贮藏过程中遇到适宜的生长条件便会萌芽抽薹，使薄壁组织中的水分和养分向生长点转移，进而造成糠心。糠心是细胞彼此分离的结果，它易造成许多气室及白色组织。糠心是由根的下部和根的外部皮层向根的上部和内层发展的。萌芽和糠心不仅使肉质根失重，糖分减少，而且使组织绵软，风味变淡，降低品质。抑制萌芽和糠心是贮藏好萝卜的最重要的技术措施。另外，在贮藏过程中，蒸腾作用和呼吸作用的加强也是造成糠心的因素之一。萝卜虽然有很厚的外皮层，但其表面无蜡质、角质等保护层，保水力弱，容易蒸发脱水。因此，萝卜贮藏的适宜条件为温度 $0\sim1℃$，相对湿度 95%。萝卜组织的特点是细胞和细胞间隙都很大，具有高度的通气性，并能耐受 8% 左右的较高浓度二氧化碳。

②品种选择。用作贮藏的萝卜以秋播的厚皮、质脆、含糖多、含水多的晚熟品种为好，地上部比地下部长的品种耐贮藏。另外，青皮品种比红皮品种和白皮品种耐贮藏。如心里美、翘头青等耐贮藏性较好。

③采收。适时采收对萝卜的贮藏十分重要。收获过早时，因地温、气温尚高，不能及时下窖贮藏，即使下窖也不能使菜堆温度迅速下降，容易促进萌芽和变质。而采收过晚则萝卜直根生育期过长，贮藏时容易糠心，也容易在田间受冻。为能适时采收并使产品达到适宜的成熟度，必须掌握适宜的播种期。如在华北地区，通常在立秋前

后播种，霜降前后采收。

(2) 萝卜贮藏期的病害及防治 萝卜的贮藏病害主要有：从田间潜伏带入的黑心病菌；因皮层受伤而感染的黑腐病；因冻害引起的软腐病等。由此可见，做好田间病害防治、避免机械损害、控制贮温不低于 0℃，是预防贮藏病害的重要措施。

(3) 萝卜的贮藏方法

①产地贮藏。在南方，萝卜成熟后留在地里，不采收。采用 3 次封土的方法，使其安全越冬。其方法是：封土前施足底肥，主要施农家肥和草木灰，并进行浇水；在初霜后严霜前，把裸露在地面外的萝卜用土封住 2/3，使肉质根保温，有利于萝卜继续生长；当昼夜气温接近 0℃时，应把外露的肉质根全部封严，但不压顶，使完整的叶子露在外面进行光合作用，以供地下肉质根生长；当进入封冻期时，则应把萝卜的顶叶全部封严，封土厚度为 2～5 厘米，以保证萝卜安全过冬。

②塑料袋贮藏。将新收获的萝卜拧掉顶叶，去掉泥土，在阴凉通风处预冷散热 7～10 天，选完好的萝卜装入塑料薄膜袋。袋子可大可小，一般用普通农用薄膜压成的长 1 米、宽 0.5 米不漏气的袋子。注意不能装满，装至离袋口 0.2 米处，扎紧袋口，放在窖内或冷凉不结冰的室内。每隔 10～15 天敞开口袋放风 4～6 小时，使袋内保持一定的温度、湿度和二氧化碳浓度。贮藏期间不要翻动口袋，以免擦破萝卜的表皮、弄坏薄膜袋。用该法在 -2～2℃、相对湿度在 90% 以上的条件下可保鲜 6 个月左右，并且可避免糠心、腐烂和顶芽萌发，食用时清脆可口。

③塑料帐气调贮藏。利用气调贮藏原理，在冷库内采用塑料薄膜半封闭的方法贮藏萝卜，能较好地抑制其脱水和萌芽。方法是：先在库内将已挑选的萝卜堆成宽 1～1.2 米、高 1.2～1.5 米、长 4～5 米的长方形堆，到初春萌芽前用薄膜帐扣上，帐子的四边用湿土压住，以防止漏气。在贮藏期间应定期揭帐通风换气，必要时进行检查挑选，除去感病的萝卜，余下的继续贮存。该法有利于适当降低氧的

浓度,积累二氧化碳,维持高湿环境,使萝卜贮藏期延长6~7个月。

除上述保鲜贮藏方法外,用γ射线处理或在收获前喷洒2500毫克/千克青鲜素等也有抑制萌芽的作用。此外,用沟藏法、窖藏法和通风库贮藏萝卜也是常见的有效贮藏保鲜方法。

10. 西葫芦

西葫芦又称"快瓜"、"笋瓜",是南瓜的一个变种。西葫芦有冬西葫芦(笋瓜)和矮生西葫芦2种。

(1)西葫芦的贮藏特性、品种

①冬西葫芦。冬西葫芦的适宜贮藏条件是:贮藏适温为10~13℃,相对湿度为50%~70%。贮温低于10℃时易发生冷害,冷害是贮藏冬西葫芦的主要障碍之一,多数品种在4~10℃下将产生冷害。但是贮藏西葫芦的温度也不能过高,当贮温高于15℃时,冬西葫芦易失绿变黄,并且果肉5周内纤维质化。另外,乙烯对冬西葫芦的催熟作用较强,受乙烯的影响,冬西葫芦迅速失绿衰老,皮色变成橘黄色。冬西葫芦在适宜的条件下能贮藏3~6个月。其贮藏期主要病害有黑腐病、干腐病和细菌软腐病。

②矮生西葫芦。矮生西葫芦的最佳贮藏条件为温度5~10℃、相对湿度95%,温度低于5℃时,易发生冷害。矮生西葫芦的品种有直把黄、弯把黄、矮生白、小西葫芦和其他软皮西葫芦,在未成熟时采收,能保持较好的食用品质。上述几个品种中,小西葫芦比较耐贮藏。贮藏用的西葫芦成熟度应适宜,因为成熟度低的小瓜比成熟度高的大瓜更易腐烂。

矮生西葫芦不耐低温,在0℃下贮藏4天即产生冷害,而有些品种在5℃下即产生冷害。在贮运过程中要注意控制温度在5℃以上,同时采取塑料膜打孔或挽口贮藏的方式,调节贮藏、运输湿度不低于90%。为了安全贮藏、运输,在贮藏、运输过程中要注意通风换气和杀菌防腐。矮生西葫芦的贮藏期较短,一般只有10~15天。

(2) 西葫芦的贮藏方法 西葫芦贮藏保鲜技术有 4 种,包括窖藏、堆藏、架藏、嫩瓜贮藏等。

①窖藏。准备窖藏的西葫芦宜选用主蔓上第二个瓜,根瓜不宜贮藏。生长期间最好避免西葫芦直接着地,并要防止阳光暴晒。采收时避免机械损伤,特别要禁止滚动、抛掷,否则内瓤震动受伤易导致腐烂。西葫芦采收后,宜在 24～27℃条件下放置 2 周,使瓜皮硬化,这对成熟度较差的西葫芦尤为重要。

②堆藏。在空室内地面上铺好麦草,将老熟瓜瓜蒂向外、瓜顶向内依次码成圆锥形,每堆 15～25 个瓜,以 5～6 层为宜。也可装筐贮藏,筐内不要装得太满,瓜筐堆放以 3～4 层为宜。堆码时应留出通道。贮藏前期气温较高,晚上应开窗通风换气,白天关闭遮阳。气温低时关闭门窗防寒,温度保持在 0℃以上。

③架藏。在空屋内,用竹、木或钢筋做成分层的贮藏架,架底垫上草袋,将瓜堆在架子上,或用板条箱垫一层麦秸作为容器。此法通风散热效果比堆藏好,贮藏容量大,便于检查,其他管理办法同堆藏法。

④嫩瓜贮藏。嫩瓜应贮藏在温度为 5～10℃、相对湿度为 95％的环境条件下,采收、分级、包装、运输时应轻拿轻放,不要损伤瓜皮,按级别用软纸逐个包装,放在筐内或纸箱内贮藏。临时贮存时要尽量放在阴凉通风处,有条件的可贮存在适宜温度和湿度的冷库内。在冬季长途运输时,还要用棉被和塑料布密封覆盖,以防冻伤。一般西葫芦可贮藏 2 周。

参考文献

[1] 高海生. 果品产地贮藏保鲜技术[M]. 北京:金盾出版社,1999.

[2] 刘兴华,陈维信. 果品蔬菜贮藏运销学[M]. 北京:中国农业出版社,2002.

[3] 张维一. 果蔬采后生理学[M]. 北京:农业出版社,2001.

[4] 张维一,毕阳. 果蔬采后病害与控制[M]. 北京:中国农业出版社,1996.

[5] 周山涛. 果蔬贮运学[M]. 北京:化学工业出版社,2002.

[6] 艾启俊,韩涛. 果蔬贮藏保鲜技术[M]. 北京:金盾出版社,2002.

[7] 饶景萍. 园艺产品贮运学[M]. 北京:科学出版社,2009.

[8] 林海. 果品的贮藏与保鲜[M]. 北京:金盾出版社,2009.

[9] 陆定志,傅家瑞,宋松泉. 植物衰老及其调控[M]. 北京:中国农业出版社,1997.

[10] 刘道宏. 果蔬采后生理[M]. 北京:中国农业出版社,1995.

[11] 生吉萍,申琳. 果蔬安全保鲜新技术[M]. 北京:化学工业出版社,2010.

[12] 张恒. 果蔬贮藏保鲜技术[M]. 四川:四川科学技术出版社,2009.

[13] 王忠. 植物生理学[M]. 北京:中国农业出版社,2000.

[14] 刘新社,易诚.果蔬贮藏与加工技术[M].北京:化学工业出版社,2009.

[15] 赵晨霞.果蔬贮藏与加工[M].北京:高等教育出版社,2005.

[16] 高海生,李凤英.果蔬保鲜实用技术问答[M].北京:化学工业出版社,2004.